T800 碳纤维复合材料及结构的疲劳性能研究

张翊东　著

中国原子能出版社

图书在版编目（CIP）数据

T800 碳纤维复合材料及结构的疲劳性能研究 / 张翊东著. -- 北京 : 中国原子能出版社, 2024. 8. -- ISBN 978-7-5221-3585-4

Ⅰ. TB334

中国国家版本馆 CIP 数据核字第 2024CA8400 号

T800 碳纤维复合材料及结构的疲劳性能研究

出版发行 中国原子能出版社（北京市海淀区阜成路 43 号 100048）

责任编辑 王 蕾

责任印制 赵 明

印　　刷 河北宝昌佳彩印刷有限公司

经　　销 全国新华书店

开　　本 787 mm×1092 mm 1/16

印　　张 9.625

字　　数 143 千字

版　　次 2024 年 8 月第 1 版 2024 年 8 月第 1 次印刷

书　　号 ISBN 978-7-5221-3585-4 **定 价** **76.00 元**

前　言

在航空航天等工程领域中，受交变载荷作用的工况越来越多，常规材料的疲劳寿命建模和预测方法不能直接应用于复合材料。在不同的载荷组合和铺设结构下，复合材料所呈现的疲劳性能明显不同。采用疲劳试验与理论分析相结合的方法是确定航天航空领域中复合材料结构疲劳寿命的主要方法。对复合材料的疲劳损伤演化、破坏机理，以及寿命预测等方面进行研究具有重要的科学价值和实际工程意义。本书基于积木式试验验证方法，对 T800 碳纤维环氧树脂复合材料的疲劳性能进行试验和数值仿真模型研究，并分析研究了预埋分层损伤试件和复合材料结构件的疲劳性能。

首先介绍了碳纤维复合材料疲劳性能的研究进展，总结了疲劳试验研究和疲劳模型的发展现状。对不同疲劳载荷下的复合材料的疲劳性能及破坏模式进行研究，并总结了疲劳试验过程中的检测手段。重点归纳了复合材料疲劳模型，包括疲劳寿命模型、剩余强度模型、剩余刚度模型，以及渐进损伤模型。介绍了积木式设计验证方法的建立与发展，并将此方法应用于复合材料结构的疲劳性能研究。

其次，分别对$[0]_{16}$和$[90]_{16}$铺层的单向板进行准静态拉伸试验、拉伸-拉伸疲劳试验、准静态压缩试验和压缩-压缩疲劳试验，并对$[\pm 45]_{8}$层合板进行准静态偏轴拉伸和疲劳试验。分析不同铺层单向板的破坏形式，并比较了准静态和疲劳破坏的差异。通过试验结果拟合得到单向板剩余刚度模型和剩余强度模型，给出了 T800 碳纤维环氧树脂典型单向板修正的等寿命模型，为后续有限元模拟提供基本疲劳性能参数。

对特定铺层的层合板进行准静态拉伸试验及不同载荷水平下的疲劳试验。基于三维 Hashin 准则、最大应力准则，以及 Ye 分层准则归纳出适用于碳纤维复合材料层合板的疲劳失效准则，并提出疲劳失效模式下的材料性能突降规则。以此为基础建立了 T800 层合板的疲劳渐进损伤分析模型，预测了层合板的疲劳寿命和疲劳损伤失效过程，模拟结果与试验相符。

复合材料层间性能较弱，并且层间性能直接影响着材料抵抗压缩载荷的能力。因此设计并制造了不同类型的预埋圆形和矩形分层的试件，并对其进行压缩试验和数值模拟研究。建立了含典型预埋分层的 T800 斜纹织物层合板的压缩渐进损伤模型，揭示了预埋分层层合板的压缩强度随分层面积和位置的变化规律。对未预埋分层和预埋分层试件进行压缩疲劳试验，分析了预埋分层对试件压缩疲劳性能的影响。

最后，对 T800 碳纤维复合材料结构件的疲劳性能进行研究。搭建了 T800 复合材料工字梁结构的疲劳性能测试系统，获得了该结构的典型损伤失效模式与疲劳寿命。将可见损伤与应变结果进行比较，分析了损伤发生和传播的原因，建立了该结构的疲劳寿命分析模型，寿命计算结果与试验吻合。

回顾博士生涯这段求学之路，有太多想要感谢的人。恩师、亲人、同窗和朋友们的帮助和关怀使我能够一路坚持下来，也因为你们我的求学生涯才充满着绚丽的色彩。

衷心感谢导师张伟教授对本人的精心指导。张老师在工作上严格要求，在生活上更是给予学生细致的关怀，为学生提供了良好而宽松的学习环境。张老师不仅是知识的导师，更像一位长者引领着我在各方面踏实前行。张老师认真严谨的治学态度、诚信的处世风格使我在博士生涯中受益匪浅，他的言传身教使我受益终身。

衷心感谢果立成教授对本人学术研究和生活上的帮助。果老师勤勉的工作作风、严谨的治学态度和全力以赴的科研精神深深感染着我。我的第一篇论文就是果老师逐字逐句修改完成的，自己不妥当的表达方式和语法错误，会在这个过程中迅速完善和纠正。果老师对学生生活也十分关心，这也让我增加了克服困难的勇气。

衷心感谢张莉教授在博士期间对我的帮助和鼓励，为我的论文选题以及后续工作的顺利开展打下良好基础。当我遇到困难一筹莫展时，张老师总能及时地提供帮助，给出最优的解决方案使得研究可以进行下去。当我在博士期间遇到迷茫，张老师会化身为心理导师为我加油打气，使我可以正确看待当下的境遇，从而收拾心情继续前行。

感谢实验室全体老师和师兄弟姐妹们的热情帮助和支持！是你们让课题组充满了欢乐和温暖，是你们提供了战友一般的依靠。在哈尔滨的日子里，遇到你们实属我的幸运，再次感谢各位的包容和帮助！

衷心感谢我的父母，在赋予我生命的同时也给我提供了坚实的后盾，让我可以轻松地面对困难，感谢你们对我坚定而温暖的支持。

目　录

第1章 绪 论

1.1 课题背景及研究的目的和意义

复合材料是两种或者多种不同性质的组分材料通过物理或者化学方法在宏观尺度上组成的具有新性能的材料，并且复合材料的新性能通常是组分材料所不具备的。根据复合材料中增强材料的几何形状可以分为三大类：颗粒复合材料、纤维增强复合材料（FRP，Fiber Reinforced Plastic）和层合复合材料。碳纤维增强复合材料（CFRP，Carbon Fiber Reinforced Plastic）就是纤维增强复合材料的一种，因为具备高比强度、高比模量、制造工艺简单且成本较低、热稳定性好、抗疲劳性和抗腐蚀性等诸多优点，成为了航空航天、船舶和车辆工程等领域的热门材料[1]。尤其是在航空领域中，减轻结构重量是提高运输效率的主要驱动力，而复合材料优秀的整体设计性会在满足轻质化设计的基础上充分降低组装成本[2]。

同金属材料相比，复合材料抗疲劳破坏的性能要优秀得多。如今复合材料在航空航天等工程领域中，受交变载荷作用的工况越来越多，迫使工程师们意识到疲劳是设计过程与计算中必须考虑的重要指标。而且复合材料的疲劳性能与金属材料差别很大，已经开发和验证的“常规”材料疲劳寿命建模和预测方法不能直接应用于复合材料。与铝合金相比，碳纤维复合材料拥有更高的疲劳极限，并且单向铺设的复合材料在轴向循环拉力下的疲劳极限会更高。但是，在不同的载荷组合和层压结构下，聚合物复合材料的疲劳性能明显不同。因此无法通过金属材料疲劳强度设计方法实现复合材料结构的最优设计[3]。而且复合材料本身也具备多样化，很难获得包括聚合物基体、金属基体、陶瓷基体复合材料、弹性体复合材料、短纤维增强聚合物和纳米复合材料在内的复合材料疲劳性能的一般方法[4,5]。由于复合材料缺乏成熟的分析方法和足够的设计使用经验，为了保证结构的完整性，很大程度上要依靠试件级、元件级、组件级、全尺度等多层级的积木式验证试验，如图 1-1 所示。多层级的试验验证可以将难以处理的结构在低层级上通过试验研究得到验证，在保证全尺寸试验通过的前提下减少试验费用，积木式设计方法已经用于大型结构的静强度分析之中。在碳纤维复合材料结构的研究进展与经验积累过程中表明，含有缺陷或者损伤的结构只要满足设计限制载荷和极限载荷的要求，就可视作满足结构的寿

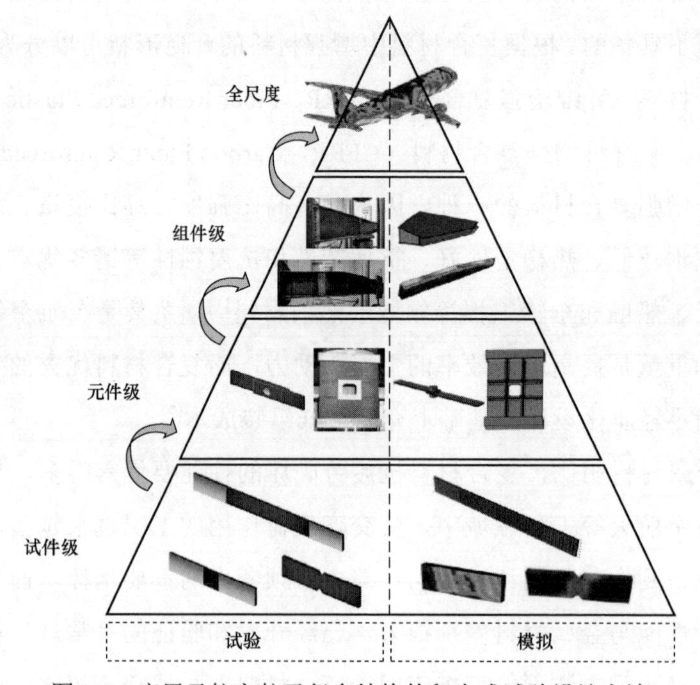

图 1-1　应用于航空航天复合结构的积木式试验设计方法

命要求，即“静力覆盖疲劳”的原则[6]。在一些较为保守的设计原则中，将选取较大的安全系数，从而保证结构在疲劳载荷时能拥有更大的安全裕度。但是这样的设计不能充分发挥复合材料优越的力学性能，同样在减重方面浪费了复合材料具备的巨大潜力[7]。复合材料静强度破坏和疲劳破坏的原理有所不同，用静强度的设计原则去考虑疲劳问题存在着许多不合理之处。

如今采用疲劳试验与理论分析相结合的方法是确定航天航空等领域复合材料结构疲劳寿命的主要方法。通过元件试验确定破坏机理模型，探讨典型结构件的仿真分析方法，并对所研究方法进行试验检验和修正，提出合理且准确的疲劳损伤容限设计思路和技术流程。对复合材料的疲劳损伤演化、破坏机理以及寿命预测等方面进行研究具有重要的科学价值和实际工程意义。

1.2 碳纤维复合材料疲劳试验研究进展

复合材料结构的疲劳行为十分复杂，主要是疲劳破坏通常是由多个不同的破坏机制共同作用而成。常见的破坏机制包括：纤维断裂、基体开裂、纤维基体分离、分层破坏以及剪切诱导的耗散损伤[8-9]等。图 1-2[10-11]为拉伸频率为 10 Hz、载荷水平为极限强度的 50%、应力比 $R=0$ 的情况下单向纤维增强复合材料刚度衰减和疲劳寿命之间的关系，而图 1-3[12-13]为拉伸-拉伸疲劳载荷下正交铺设复合材料层合板的损伤模式演化过程。复合材料的疲劳性能受许多因素的影响，其中包括纤维和基体的自身特性、铺层顺序[14-15]、制造过程中产生的残余应力、疲劳载荷应力比以及复合材料结构所处的环境条件等[16-20]。复合材料疲劳的研究多数是先对材料进行一系列的试验测试，然后对疲劳结果进行归纳分析，建立疲劳寿命模型之后再对未进行疲劳试验的材料或结构进行预测。在过去的几十年中，各国学者们进行了大规模的疲劳试验，建立了相对全面的疲劳数据库。之所以称为相对全面，是因为这些试验结果大多是具有限制条件的，例如特定的材料类型，特定的服役环境或特定的疲劳载荷等。从试验[21]和理论[22-24]这两个角度出发研究特定疲劳模式下的复合材料或结构是当前研究的主要途径，从而进一步预测复合材料的疲劳寿命和破坏模式。

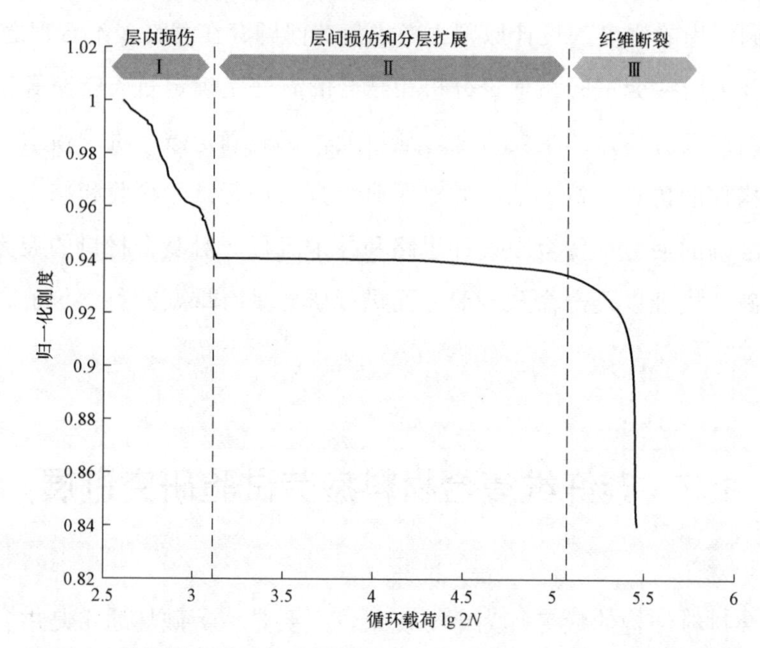

图 1-2　单向纤维增强复合材料的归一化刚度和循环载荷之间的关系

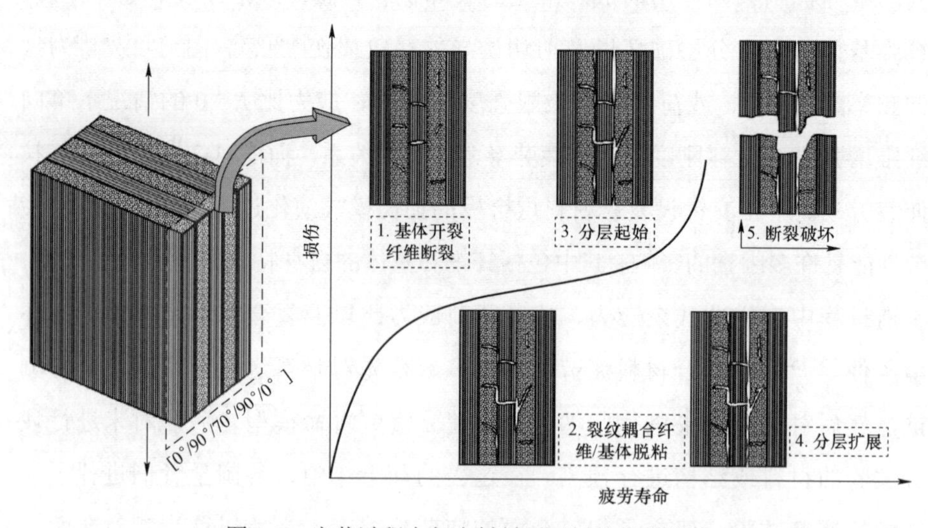

图 1-3　疲劳过程中复合材料层压板的损伤模式

纤维是碳纤维复合材料中的主要承载元素，因此复合材料的疲劳性能在很大程度上被认为是受纤维的疲劳性能影响的。一般关于纤维疲劳试验包括两类，一种是单根纤维丝疲劳试验，另一种是纤维束的疲劳试验[25-26]。朱元林[27]开展了东丽 T300 纤维束疲劳特性和纤维单丝剩余强度试验，得到单束碳纤维拉-拉疲劳的 *S-N* 曲线和剩余强度模型，建立了单根碳纤维剩余强度的 Weibull 分布模型。从细观力学角度提供了研究复合材料疲劳性能的基础数据。

De Baere 等人[28-29]对复合材料进行单轴疲劳测试。参照疲劳标准 ASTM D3479/D3479M 设计的矩形拉伸-拉伸疲劳试件进行试验，试验结果中断裂区域容易出现在加强片两端。因此试件尺寸改进成为哑铃形进行疲劳试验。结果表明对于所研究的材料，哑铃形优于矩形。因为在加强片的位置附近不会发生破坏，并且使用矩形试样测量的疲劳寿命被大大低估。黄曦[30]分别对特定铺层下不含孔和开孔的复合材料（T300/BMP-316）层合板进行了疲劳试验研究。王军等学者[31]对 T700 层合板及含两种不同孔径的开孔层合板进行了拉伸-拉伸疲劳试验，并利用超声波 C 扫描对复合材料的疲劳损伤机理进行分析。刘英芝[32]对 T800 碳纤维织物进行拉伸-拉伸疲劳试验，得到织物单向板的应力-寿命曲线。

根据统一的疲劳试验标准，纤维增强复合材料的疲劳试验通常是在单轴拉伸-拉伸或拉伸-压缩载荷下进行的。弯曲疲劳试验并没有一个通用的试验标准，但很多学者已经对复合材料弯曲疲劳进行了研究[33-35]。与拉伸-压缩疲劳相比弯曲疲劳不需要考虑屈曲的问题，并且试验时所加载的载荷要小得多。梅瑞[36]对玻璃纤维复合材料进行了三点弯曲疲劳试验，并与拉伸-拉伸疲劳测试结果进行比较，发现两种测试方法的疲劳曲线有类似的趋势。刘娟[37]制备了不同孔隙率的碳纤维增强复合材料层合板，并进行了弯曲疲劳试验，分析孔隙率与材料弯曲疲劳性能之间的关系。影响复合材料的疲劳性能的因素有很多，除了标准试验之外，学者们考虑了不同平均应力和应力比[38-40]、疲劳载荷频率[41-42]以及环境（例如温度、湿度）[39,43-47]等因素对疲劳性能的影响。

随着疲劳试验研究的进展，对疲劳试验过程中的观测设备要求也越来越高。De Vasconcellos 等[48]通过组合不同的技术手段对疲劳损伤进行观测分析。用光学显微镜和 X 射线扫描断层进行观察，红外热像仪和声发射实时监控测量疲劳载荷下试件的温度场和内部损伤，还比较了 [0°/90°] 和[±45°]两种不同的铺设顺序，结果表明[±45°]比 $[0°/90°]_7$ 展现出更好的疲劳强度。应用红外热像仪可以监测疲劳过程中复合材料的温度变化[49,50]，并基于温度变化趋势提出了一种确定复合材料疲劳极限的新方法。热成像技术的扩展，可以快速确定复合材料板的疲劳应力-寿命曲线。数字图像相关技术（DIC，Digital Image Correlation），可以在疲劳试验的过程中实时表征材料表面的应变场，代替应变片的数据获取，为研究疲劳提供新的方法。近几年，DIC 技术在复合材料力学性能测试方面已得到越来越广泛的应用[51-53]，并在航空器结构论证、载荷和应变分布分析方面发挥了巨大作用。

1.3 碳纤维复合材料疲劳模型研究进展

为了减少复合材料疲劳失效的试验成本，进行复合材料疲劳建模是十分必要的。目前，复合材料疲劳模型可以统一归纳为三类：疲劳寿命模型、唯象疲劳模型和渐进损伤模型，如图 1-4 所示[54]。

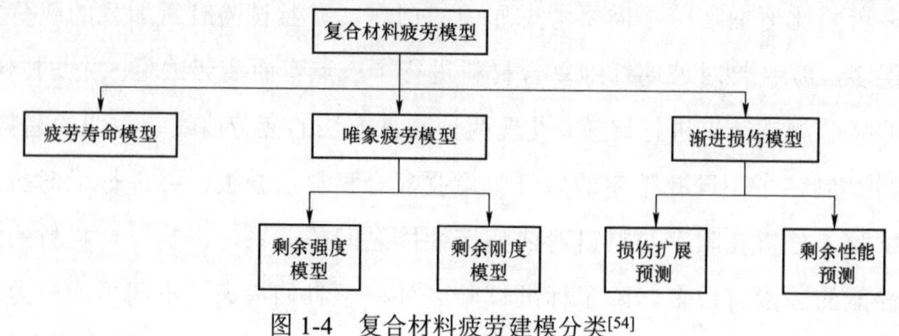

图 1-4　复合材料疲劳建模分类[54]

1.3.1　疲劳寿命模型

1973 年，Hashin 和 Rotem 提出了应用于复合材料的疲劳失效模型[22]。他们单独考虑了两种不同的失效情况：纤维失效和基体失效，并基于三个独立的 S-N 曲线（纵向拉伸强度、横向拉伸强度和剪切强度）提出了不同情况下的失效准则。在随后的十几年中，基于 S-N 曲线和不同的破坏准则提出了许多疲劳模型。Hahn 和 Kim[55]通过大量的疲劳试验获得纤维增强复合材料的 S-N 曲线，除此之外他们认为加工引起的试件厚度变化会影响静态强度和模量，但对疲劳寿命的影响可以忽略不计。Ellyin 和 ElKadi[56]提出了应变能密度可以用于纤维增强材料的疲劳破坏准则中。疲劳寿命 N_f 与总能量输入 ΔW^t 可以写作以下形式

$$\Delta W^t = \kappa N_f^{\alpha} \tag{1-1}$$

其中，κ 和 α 取决于纤维方向的材料常数。

Hwang 和 Han[57]引入了双参数来表示疲劳应力比与寿命的关系，在已知施加的应力比 R、材料常数 B 和 c 之后，就可以根据应变破坏准则预测材料的疲劳寿命。方程的具体形式如下所示

$$N = [B(1-R)]^{1/c} \tag{1-2}$$

Wu[58]在计算材料损伤之前，利用 S-N 曲线公式（1-3）得到恒定振幅疲劳载荷下的寿命。其中 $S = \sigma_{\text{max}} / \sigma_{\text{ult}}$ 或 $S = \varepsilon_{\text{max}} / \varepsilon_{\text{ult}}$，$\sigma_{\text{max}}$ 和 ε_{max} 为最大应力和最大应变，σ_{ult} 和 ε_{ult} 为极限应力和极限应变。a、b 和 m 分别为试验参数。

$$S = 1 + m\left[\exp\left(-\left(\frac{\lg N}{b}\right)^a\right) - 1\right] \tag{1-3}$$

疲劳寿命模型中的另一个常用办法是建立等疲劳寿命（CFL，Constant Fatigue Life）图，该图是将疲劳失效循环周期绘制在 XY 平面上（X 轴表示平均应力，Y 轴表示应力幅值）。该方法可以直观展现出复合材料疲劳性能

对于平均应力的敏感性。通过对航空碳纤维复合材料层合板的静强度和疲劳寿命的大量试验[59]可知，复合材料的等寿命曲线具有非线性和非对称性的特征，曲线的峰值位置处在 Y 轴的右侧，如图 1-5 所示。Ramani 和 Williams[60]对无损和开孔的碳纤维/环氧树脂复合材料的疲劳行为进行了试验研究，发现 CFL 包络线的最大值出现在 $R=-0.43$ 处。Kawai[61]等人根据等寿命图的非对称性和峰值只出现在正平均应力下的特征，对已有 CFL 图进行延伸，提出了预测复合材料在一定温度范围内疲劳寿命的有效方法。之后分别在干燥和潮湿的环境中，在改变应力比和温度的条件下对机织碳纤维环氧树脂层合板进行一定数量的疲劳试验。对比试验结果验证了等疲劳寿命图的整体适用性[62]。

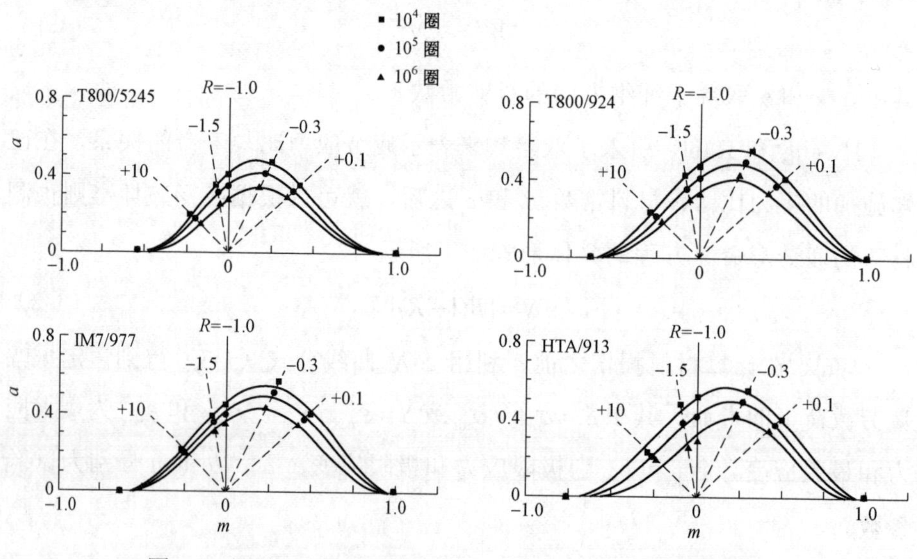

图 1-5　四种 CFRP 铺层为$[(\pm45,0_2)_2]_S$层合板的等寿命图[59]

疲劳寿命模型是最早提出并使用的疲劳模型。由于它们不需要考虑损伤机理，因此在使用过程中非常简单。但是为了得到疲劳寿命模型往往需要大量的试验数据，并且需要根据不同的研究对象、载荷情况以及环境等因素进行试验校准，从而导致模型的适用范围非常有限。

1.3.2　剩余强度模型

剩余强度模型可以分为两种类型：突降模型和渐降模型。突降模型是当复合材料试件承受高水平的应力时，剩余强度在起始阶段几乎是恒定的，当达到破坏的循环次数时会急剧下降，尤其适用于高强度单向复合材料。而在较低的应力状态下，复合材料层合板的剩余强度随疲劳次数的增加而逐渐降低，因此强度退化模型通常称为渐降模型。

Halpin 等人[63]提出剩余强度 $X(n)$是关于循环数 n 的单调递减函数，并且剩余强度和循环周次的函数关系如下所示

$$\frac{\mathrm{d}X(n)}{\mathrm{d}n}=\frac{-A(\sigma)}{m[X(n)]^{m-1}} \tag{1-4}$$

其中 $A(\sigma)$ 是关于最大循环载荷 σ 的函数，m 为常数。

Daniel 和 Charewicz[64]研究了循环拉伸载荷下碳纤维环氧树脂交叉铺设层合板中的损伤积累，并且提出归一化剩余强度的模型（1-5）

$$\left[\frac{1-f_r}{1-s}\right]=g\left(\frac{n}{N}\right) \tag{1-5}$$

其中 $f_r=F_r/F_0$ 为归一化的剩余强度；$s=\sigma_a/F_0$ 为归一化的疲劳应力；N 是载荷为 σ_a 时材料的循环次数；$g(n/N)$ 是关于归一化疲劳周期的函数。

Rotem[65]认为初始静态强度几乎可以维持到疲劳导致的最终破坏，并且引入了一个比静强度值更高的虚拟强度 S_0 来表示碳纤维复合材料的拉伸-拉伸疲劳 S-N 曲线

$$s=1+K\cdot\lg N \tag{1-6}$$

其中 $s=S_f/S_0$，S_f 为恒定振幅下的疲劳强度。可以根据此公式给出某个负载循环后的剩余疲劳寿命，得到经过点 S_0 的不同斜率的曲线。这样的曲线称为损伤线，并将这一类的损伤线由下式表示

$$s=1+k\cdot\lg N, k<K \tag{1-7}$$

剩余强度的衰减处于虚拟强度 S_0 与实际静强度之间时，则强度不会明显降低。Rotem[66]基于这些假设的累积疲劳理论，预测了复合材料层合板

在任意恒定应力比 R 下的 S-N 曲线。

Schaff 和 Davidson[67,68]进行了大量的疲劳试验和理论研究，提出了预测复合材料结构在疲劳载荷谱下的剩余强度和寿命的模型。剩余强度模型如公式（1-8）所示

$$X(n)=X_0-(X_0-S_p)\left(\frac{n}{N}\right)^v \tag{1-8}$$

其中 $X(n)$ 为剩余强度，X_0 为初始强度，S_p 为载荷的峰值应力，v 为常数。线性强度衰减对应的 $v=1$；突降行为对应 $v\gg 1$；对于 $v<1$ 表示初始强度迅速衰减模型。Schaff 和 Davidson 还研究了疲劳循环混合效应，并应用于战斗机疲劳标准载荷（FALSTAFF，Fighter Aircraft Loading STAndard For Fatigue）谱中。载荷顺序效应在 FALSTAFF 谱中很重要，因为大部分的恒定振幅只持续几个周期。模型中如果平均应力从一个载荷谱增加到另一个载荷谱时，则通过引入循环混合因子来表明这种影响，该模型与试验结果显示出良好的相关性。

Yao 和 Himmel[69]认为纤维增强复合材料在拉伸疲劳载荷下的剩余强度可以通过以下函数表示：

$$X(n)=X_T-(X_T-X_F)\frac{\sin(\beta x)\cos(\beta-\alpha)}{\sin(\beta)\cos(\beta x-\alpha)} \tag{1-9}$$

其中 $X(n)$ 为第 n 次循环时的剩余强度；X_T 为静态强度；X_F 为应力加载水平；$x=n/N$，α 和 β 为通过试验确定的参数。对于压缩载荷失效的试样，假设其剩余强度衰减规律为：

$$X(n)=X_c-(X_c-X_F)\left(\frac{n}{N_f}\right)^v \tag{1-10}$$

其中 X_c 为静态压缩强度，v 是根据应力比和峰值应力确定的强度衰减参数。

1.3.3 剩余刚度模型

剩余刚度模型是用来描述了疲劳过程中材料弹性性能的衰减。Yang[70]

等人提出了以纤维为主的复合材料层合板的剩余刚度模型：

$$\frac{\mathrm{d}E(n)}{\mathrm{d}n}=-E(0)Qvn^{v-1} \tag{1-11}$$

模型中的 Q 和 v 为线性相关的两个参数。Lee[71]等人使用了上述模型预测载荷谱作用下复合材料层合板的破坏刚度和疲劳寿命。提出了疲劳破坏应变 $\varepsilon(N)$ 的经验性准则。试验结果表明在刚度衰减的第三段区域里有较大的分散，研究人员建议只考虑第二区域末端的疲劳破坏应变。

Whitworth[72]通过对复合材料层合板进行疲劳试验和理论研究，认为在恒定应力幅值的疲劳载荷下，剩余刚度可以表示为：

$$\frac{\mathrm{d}E^{*}(n)}{\mathrm{d}n}=\frac{-a}{(n+1)E^{*}(n)^{m-1}} \tag{1-12}$$

其中 $E^{*}(n)=E(n)/E(N)$，表示 n 次循环时的剩余刚度与失效刚度的比值；a 和 m 是取决于施加应力、加载频率等因素的常数。

Khan[73]等提出了一种刚度降低模型，在该模型中创建了一个与刚度有关的损伤变量 D，具体形式为：

$$\frac{E}{E_0}=1-cD \tag{1-13}$$

$$c=\pi\left(2\frac{E_A^2}{E_T}\right)^{1/2}\left[\frac{1}{(E_A E_T)^{1/2}}+\frac{1}{2G_A}-\frac{v_A}{E_A}\right]^{1/2} \tag{1-14}$$

其中 E_A、G_A 和 v_A 分别为轴向杨氏模量、剪切模量和泊松比，E_T 为横向模量。因此可以将每个周期的损伤增长与试验测得的刚度降低相互关联起来。当某一循环的最大应变等于极限应变时，就认为发生了失效。通过将损伤变量从其初始值到最终值进行积分，就可以得到失效的周期数 N_f，具体表述形式为：

$$N_f=\int_{D_i}^{D_f}\frac{\mathrm{d}D}{f(\Delta\sigma,D)} \tag{1-15}$$

根据图 1-2 可知复合材料在疲劳载荷下的剩余刚度衰减呈现三个阶段：（Ⅰ）起始剧烈衰减阶段、（Ⅱ）平缓下降阶段和（Ⅲ）后期剧烈下降阶段。

很多学者开始研究如何完整地表述剩余刚度的衰减规律，Van Paepegem[74]分区描述了三个阶段的刚度衰减形式，并基于 Tsai-Wu 应力失效准则考虑材料的最终失效。Wu[58]根据复合材料的疲劳机理，提出了一种通用疲劳损伤模型（1-16），用于描述复合材料在载荷方向上的刚度退化规律。

$$D(n)=\frac{E_0-E(n)}{E_0-E_f}=1-\left[1-\left(\frac{n}{N}\right)^B\right]^A \tag{1-16}$$

其中 E_0 为初始模量；E_f 为失效模量；$E(n)$ 为 n 次循环后的模量；N 为疲劳寿命；A 和 B 为模型参数；$D(n)$ 为疲劳损伤变量，循环次数从 0 增加到 N 时损伤变量由 0 逐渐增加到 1。

1.3.4 渐进损伤模型

渐进损伤模型又可以被细分为两类：预测损伤扩展（例如单位长度的横向基体裂纹数量、分层区域的大小）的损伤模型；将损伤扩展与剩余力学性能（剩余刚度/剩余强度）相互关联的模型。[75]

Owen 和 Bishop[76]试图预测静载荷和疲劳载荷下在试件中心开孔位置的损伤起始。他们发现很多材料都存在很明显的尺寸效应。在试验过程中很难测量裂纹长度，因此将裂纹长度与试件的柔度相关联。并且 Paris 幂函数关系适用于所研究的两种玻璃纤维增强复合材料的疲劳裂纹增长率。Biner 和 Yuhas[77]研究了机织玻璃纤维复合材料缺口处的短疲劳裂纹的增长率。结果表明，通过有效应力强度因子 ΔK_{eff} 可以准确地描述缺口处短裂纹的起始和扩展速率。Bergmann 和 Prinz[78]提出了一个分层扩展的特定模型：

$$\frac{\mathrm{d}A_i}{\mathrm{d}N}=\hat{c}\cdot f(G_{it})^n \tag{1-17}$$

其中 A_i 为分层面积，G_{it} 为能量释放率的最大值；$\hat{c}$ 和 n 可以通过试验测试结果确定。

Feng[79]等提出了用于预测基体开裂而导致的碳纤维增强复合材料的疲劳损伤扩展模型，通过修正后的 Paris 公式（1-18）来描述Ⅰ型裂纹扩展。

$$\frac{\mathrm{d}A}{\mathrm{d}N}=DG_{\max}^{n} \tag{1-18}$$

其中 A 是基体开裂形成的损伤区域，N 为疲劳循环次数，$G_{\max}$ 为疲劳循环中最大应变能释放率，D 和 n 为材料常数。

Shokrieh 和 Lessard[80-81]提出了一种结合了应力分析、失效分析和材料性能退化的渐进式疲劳损伤模型。使用实体单元对试件进行有限元应力分析，分析过程中考虑七种不同失效模式。破坏准则类似于 Hashin[82]静态失效准则，只是材料属性是关于循环次数、应力状态和应力比的函数。Papanikos 等人[83]在已有基础上改进了模型，并使用了 Ye 分层准则[84-85]判定拉伸和压缩的分层失效情况。Kennedy 等人[86]修正 Puck[87]失效准则，提出一个新的渐进损伤模型。对玻璃纤维环氧树脂层合板进行单轴疲劳试验，用试验结果来验证疲劳损伤模型。结果证明该模型可以在一系列疲劳应力水平下准确预测模量的下降。Zhao 等人[88]改进了渐进损伤模型，将剩余应变模型与剩余刚度模型相结合，表征了疲劳载荷下逐渐降低的材料性能。该模型用于分析疲劳载荷谱下的三钉双剪连接结构的疲劳行为，试验结果验证了模型的可行性。

渐进损伤模型的分析功能全、适用范围广，从而受到复合材料结构分析人员的重视，但目前依然存在着一些不足之处。由于静力分析中复合材料的失效准则本身还不完善，当渐进损伤模型引入一系列损伤起始、扩展准则和材料性能退化准则之后，导致模型更加复杂。大多数模型中存在需要大量试验测定的拟合参数，使得模型的实现成本较高。此外，复合材料疲劳损伤机理的研究还不够成熟，导致一些渐进损伤模型还处于数值拟合试验数据或模拟材料行为的阶段。

1.4 复合材料结构的疲劳行为与寿命研究

纤维增强复合材料已广泛用于航空航天、汽车船舶等领域的基本结构中，其中结构完整性是必不可少的要求。结构的应用需要证明复合材料具有可靠的长期性能，以避免灾难性的疲劳破坏。近几十年来，已经进行了大量的研究来探究复合材料结构的疲劳行为和破坏模式。

Shen 等[89]使用局部应力/应变方法预测带缺口的复合材料结构件的疲劳寿命。该方法引入多轴疲劳参数关联多种载荷和几何构型下获得的疲劳寿命，从而能够利用有限的试验结果确定通用的疲劳寿命曲线。此方法也成功预测含圆形孔的碳纤维增强复合材料管的疲劳寿命。

Colombo 等人[90-91]对客车中复合材料结构件进行试验和数值分析。在结构的疲劳测试过程中，监测弹性模量和剩余强度的变化用以表征损伤，通过试验测试，得到拟合疲劳寿命预测模型中所需的参数。对零部件进行了疲劳弯曲测试，与数值模拟的结果对比后认为此数值模型可以用于结构件截面的疲劳优化设计。

Butrym 等人[92]研究了宏观纤维复合材料传感器在结构健康监测中的应用可行性。使用阻抗法可以检测出试件在轴向正弦疲劳载荷下的疲劳裂纹萌生，同时也可以直接测量裂纹的应力强度因子来确定不同裂纹长度下的损伤程度。两种方法同时使用可以提供更多的角度来观测分析疲劳裂纹的扩展。

Cerny 等人[93]总结了有关玻璃纤维增强复合材料制成的承载部件和接头的静态和疲劳强度的试验结果。在各种类型的测试中可以很好地监视疲劳损伤的累积，损伤通常呈现典型的三阶段 S 形曲线。

Thawre 等人[94]制造并测试了碳纤维环氧树脂复合材料 T 形接头，用来确定该结构在标准战斗机频谱载荷 mini-FALSTAFF 下的疲劳寿命。利用线性损伤累积理论，估算了 T 形接头的疲劳寿命，预期的疲劳寿命与试验结果非常吻合。

Koch 等人[95]提出了一种多轴循环载荷作用下的 CFRP 拉杆的渐进损伤模型，预测的疲劳寿命与试验结果吻合良好。

Di Maio 等人[96]提出了用于监测疲劳载荷下碳纤维增强材料结构件的

损伤传播的试验方法。利用扫描激光振动计监测 CFRP 结构件在振动疲劳载荷下的裂纹扩展过程，与此同时利用热像仪检测有关温度热点位置和损坏演变的定性信息。

Grammatikos 等人[97]用锁相热成像法研究黏结的航空航天复合材料在循环载荷下的修复效率。在 5 Hz 拉伸-拉伸疲劳过程中，通过热像仪监测修复 CFRP 部件的损伤。对所获取的热像图的检查可以识别修补片的脱黏扩展，以及补片末端和圆形缺口位置的应力放大倍数。

Huang 和 Zhao[98]对碳纤维增强热固性复合材料的冲击损伤进行评估。在不同的能量水平下对梁进行冲击试验，并使用脉冲热像仪表征损伤的大小，发现损伤大小随着冲击能量的增加几乎呈线性增长。受损梁还进行了疲劳性能的测试，结果表明初始损伤尺寸和疲劳载荷历史很大程度上影响着损伤增长率及梁的性能。

Sieberer 等人[99]进行了 CFRP 试样和组件的准静态和疲劳测试的试验。试样在恒定振幅、反向循环疲劳载荷下进行测试，将获得的疲劳寿命曲线与组件疲劳测试结果进行比较。从结构损坏和耐用性方面的考虑，刚度的下降比在组件的高应力区域出现的单个裂纹更为重要。即相比于有限区域中出现表面裂纹，较低的刚度极限可以更好地定义疲劳寿命的终止。

Wan 等人[100]对多点协同载荷谱下直升机复合材料尾翼结构疲劳寿命预测进行了数值研究。作者建立了全尺寸直升机复合材料尾翼结构的有限元模型，并通过应变和位移分布的试验结果对其进行了验证。通过对结构剩余寿命的预测，证明了渐进损伤分析是复合材料结构疲劳寿命预测的实用方法和手段。

1.5 积木式设计验证方法概述

20世纪90年代，NASA兰利研究中心开展了全面结构测试的研究计划，为了开发一些关键技术使飞机更安全、更实惠、更久的寿命和更轻的重量等。这些计划包括以下工作：① 首先确定材料体系和制造方法；② 对小样本进行试验和分析，表征系统特征并量化存在缺陷时的行为；③ 接着研究更大的结构来考察屈曲行为、组合载荷和组合结构；④ 最终对复杂的组合件和全尺寸部件进行考察。过程中的每一步包括工具开发都得到了详细分析的支持，从而证明这些结构的力学行为是可预见的。这种方法就被称为“积木式”验证研究方法[101]。积木式验证方法可以看作是金字塔，其基础是初始材料的评估。金字塔的每个级别都是下一个金字塔的基础，并且结构复杂性和成本会随着每个级别（直到全尺寸疲劳测试）的增加而增加[102]。Bruyneel 等人[103]将航空航天工业中应用多年的积木式方法扩展到汽车领域。在试样到全尺寸结构的过程进行试验和数值模拟，通过试验验证了数值模拟的预测结果。随着复合材料结构的复杂性不断提高，仿真结果与测试结果都保持着很好的一致性，证明 LMS Samtech Samcef 有限元程序可用作评估复合材料非线性行为（包括损伤）的数值工具。Carello 等人[104]将积木式方法应用于汽车领域里热塑性复合材料的部件结构分析中（图 1-6）。通过与试验测试结果的比较，在合理的基础上建立准确的预测模型和针对热塑性复合材料结构分析的创新方法。

国内飞机结构疲劳试验基本也是采用“积木式”的理念来设计和验证的。钟涛等[105]介绍了复合材料结构的积木式方法的基本假设、一般原理和运用方式。崔深山[106]选取了碳纤维树脂基（T800/603A）复合材料的三种组件结构进行研究，开展试验验证并建立了仿真分析模型，预测了复合材料结构件的破坏形式与承载能力。实现了仿真与试验结果相互支持的完整试验技术方案。李元章[107]采用复合材料积木式验证方法，提出了飞艇桁架式复合材料（T700/BA9913）龙骨结构的验证思路和结构设计与强度验证的步骤。然后按照该方法从元件级到部件级进行试验和数值验证。对比结果表明 Nastran 有限元分析模型满足工程需要，飞艇桁架式复合材料龙骨可以采用积木式方法进行验证。李兴无[108]认为积木式方法（图 1-7）用来评价航空发动机材料服役性能，是促进航空发动机关键材料应用、提高发动机结构完整性的有效技术模式。

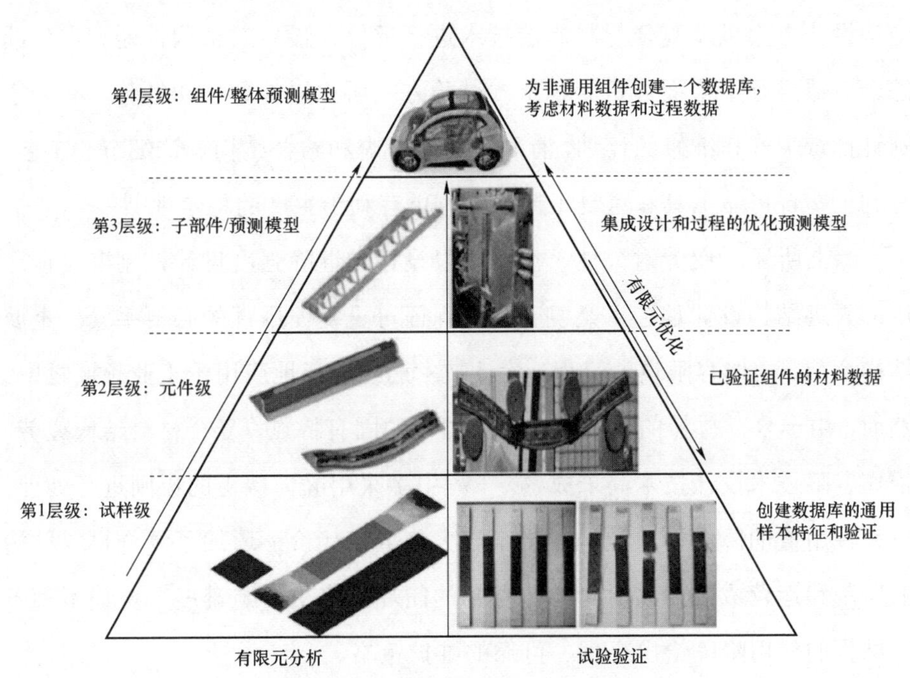

图 1-6　应用于汽车复合结构的积木式试验方法[104]

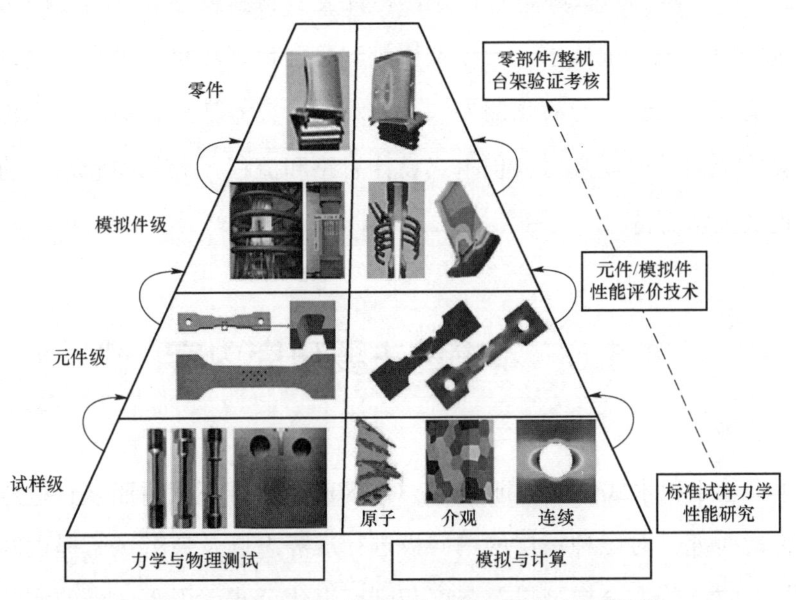

图 1-7　航空发动机材料服役性能的积木式方法[108]

严格按照全面的积木式试验方法进行复合材料零件的结构验证和适航审定，不仅可以建立材料的基本性能数据库和结构设计许用值，还可以对结构设计方案以及复合材料制造技术进行评价，最后对结构性能和造价的综合效益进行了全面分析。积木式试验方法所积累的数据和经验，有利于制订批量生产和维修的计划，有利于充分考虑和结合结构设计细节和工艺，有利于整合可靠工具和重复工艺步骤，更有利于生产的稳定性[109]。

综上所述，疲劳耐久性、损伤容限设计是继静强度设计、刚度设计之后的先进结构设计理念，是复合材料保证可重复使用性的必要手段。金属结构疲劳、损伤容限设计流程、设计技术已经广泛地应用于工业领域之中。然而，由于复合材料的分散性和各向异性的固有特点，复合材料结构疲劳、损伤容限技术设计技术尚未成熟，工程中多采用静力覆盖的原则进行处理。设计许用值的降低使得结构付出了较大的重量代价，增加了复合材料结构的研制和运营成本，同时给总体参数的闭环带来了一定难度。更加不利于在结构的使用阶段给出合理、可靠的维护策略。

鉴于此，本书从破坏机理出发，研究复合材料疲劳、损伤容限仿真分析与试验验证等关键技术。通过试样级试验确定破坏机理模型，探讨典型结构件的疲劳试验与寿命预测方法，并对所研究方法进行检验和修正。提出一套关于碳纤维复合材料积木式设计思路和流程，为结构和设备的重复使用提供技术支持。

1.6 本书的主要研究内容

本书基于积木式试验验证方法，对 T800 碳纤维环氧树脂复合材料进行疲劳性能研究。对三种铺层的单向板进行准静态以及疲劳试验提供基础疲劳数据，建立等寿命模型以及强度和刚度退化公式，引入适当的疲劳失效判断准则，探索不同复合材料层合结构的疲劳损伤失效分析方法。主要研究内容包括：

① 首先对单向复合材料疲劳性能进行试验研究。分别对$[0]_{16}$和$[90]_{16}$铺层的单向板进行准静态和疲劳试验，并对$[\pm 45]_8$层合板进行准静态偏轴拉伸和疲劳试验。区分不同铺层单向板的破坏形式以及比较准静态和疲劳破坏的差异。通过试验得到单向板在疲劳载荷下的性能退化趋势，选择疲劳参数退化模型并对公式中的参数进行修正，使其符合 T800 碳纤维环氧树脂体系的疲劳试验结果。所得到的疲劳模型将成为后续有限元模拟必备的输入条件。

② 其次进行层合板疲劳寿命预报与失效分析，对特定铺层的层合板进行准静态拉伸试验以及不同载荷水平下的疲劳试验。通过分析筛选得到适用于本书所研究的复合材料层合板的疲劳失效准则，并提出疲劳失效模式下的材料性能突降规则。试图建立疲劳渐进损伤分析方法，利用有限元软件 ABAQUS 对层合板进行疲劳寿命预报，并对比有限元模拟和试验的结果。

③ 对含有预埋分层复合材料的压缩性能进行研究。设计制造预埋圆形和矩形分层的试件，并对其进行压缩试验和数值模拟研究。定量评估预埋分层试件在压缩载荷下的初始损伤和渐进损伤过程。通过比较试验和数值结果分析材料的压缩强度、模量和界面损伤的演变过程，确定压缩行为与预埋分层类型之间的关系。并对比了无预埋分层和含预埋分层试件的压缩疲劳寿命。

④ 最后对复合材料结构件的疲劳性能进行研究。提出了结构件的疲劳试验方法和疲劳试验机的改装方案。将损伤与应变结果进行比较，分析了损伤发生和传播的原因。通过结构部件试验测试来分析 DIC 技术在监测疲劳应变方面的优缺点。对结构件疲劳损伤的类型进行总结，为提高复合材

料结构件疲劳性能提出可行性建议。最后通过有限元模拟实现复合材料结构件疲劳寿命的预测。

论文整体结构框图如图 1-8 所示。

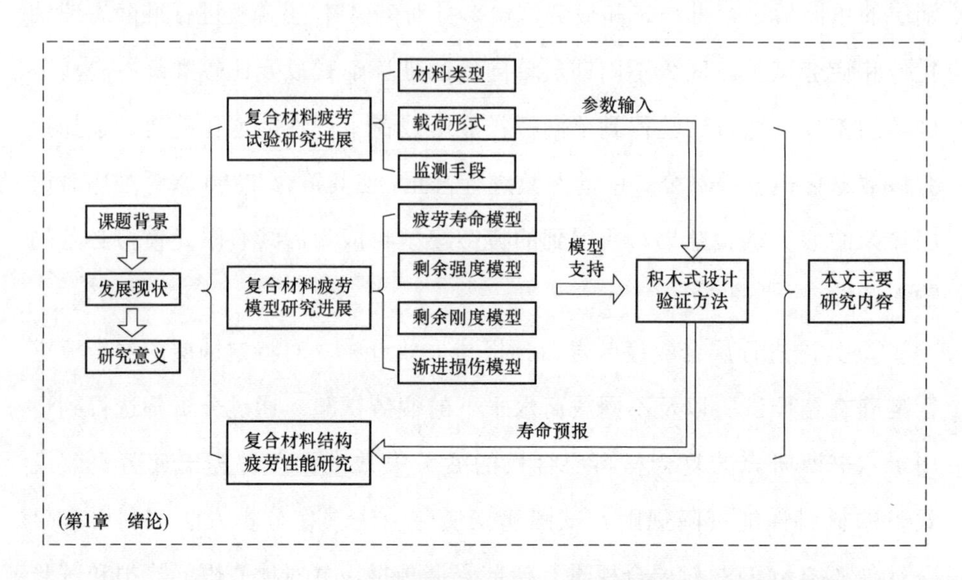

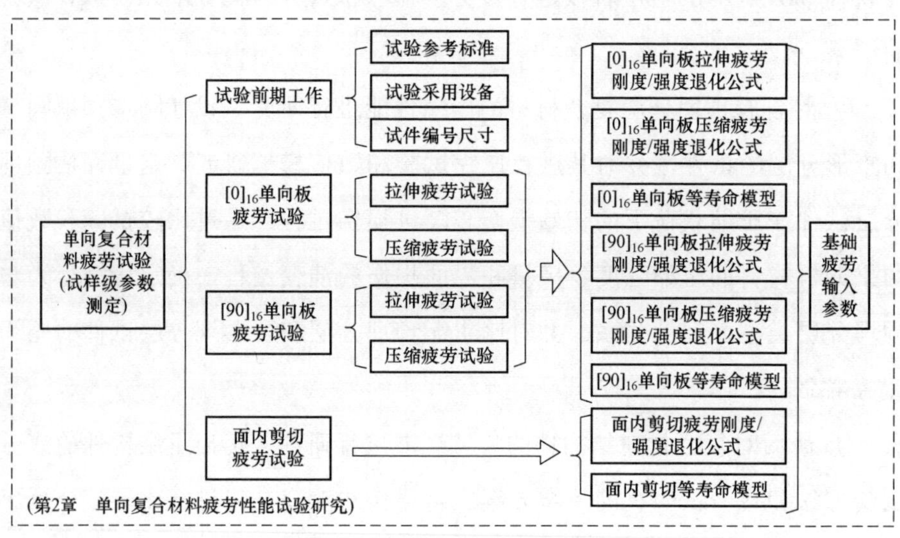

图 1-8 论文整体结构框图

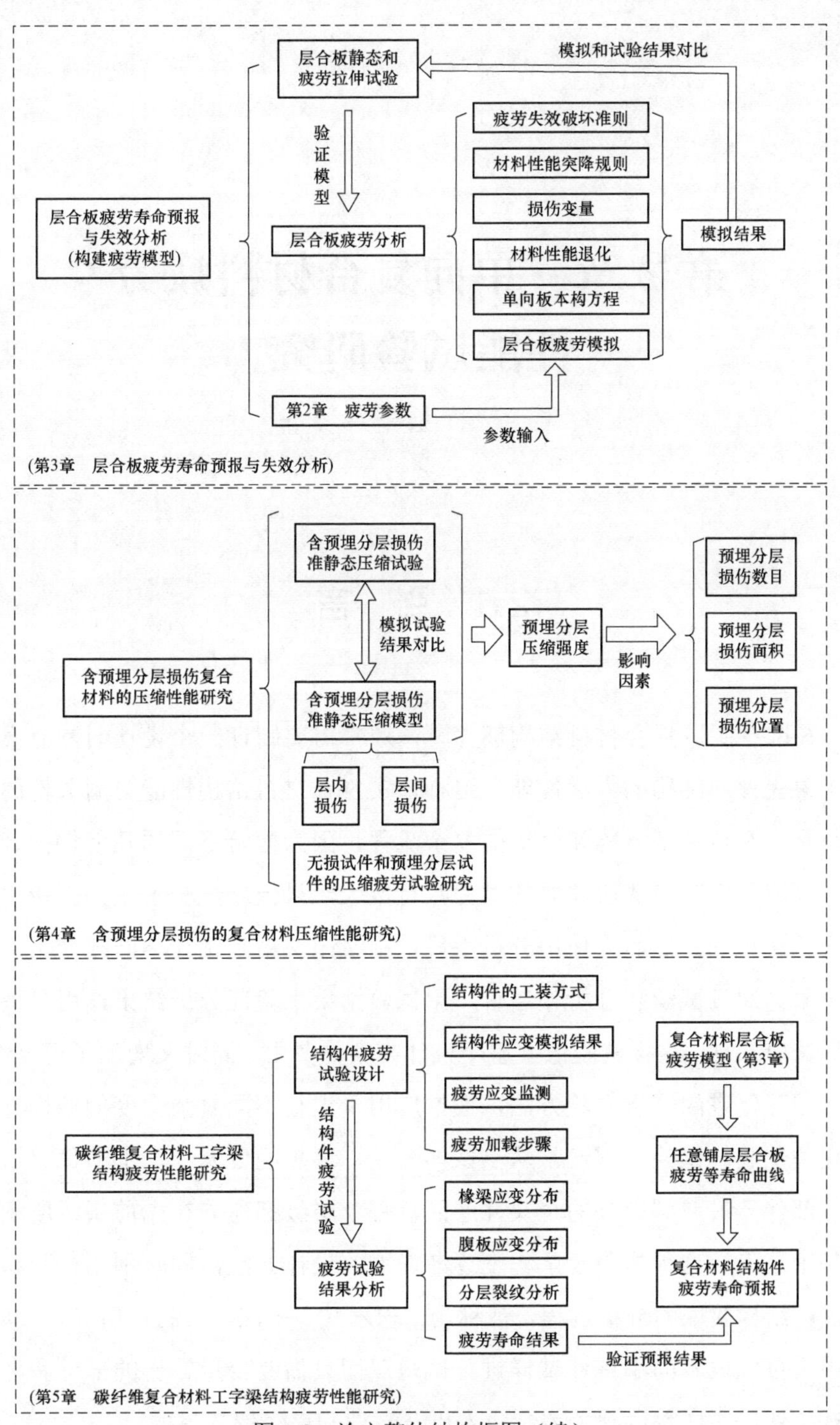

图 1-8　论文整体结构框图（续）

第2章　单向复合材料疲劳性能试验研究

2.1　引　言

在准备制造复合材料结构部件时，通常需要制订一个设计研制方案，用于事先评估结构的力学性能。这种证实复合材料结构性能与耐久性的过程，是一个包括了试验和分析的复杂流程。因为检验不同的几何特征、载荷、环境和失效模式所需要的试件数目巨大，只依靠试验手段会因费用过高而无法承受。然而只使用分析手段，则又无法精确预计不同载荷工况下的结果。通过试验和分析相结合，用试验结果来验证分析结果，用分析来指导试验计划，这样就降低了整个设计方案的费用，同时又增加了可靠性。这种相互促进的分析试验方法，被推广用于进行不同复杂程度的结构分析及相关试验。试验过程通常从小试样开始，逐步经过元件、细节件、组合件、部件，最后到完整的全尺寸产品，每个层级都建立在先前层级所积累的基础之上。这种按照复杂程度逐渐增加的设计方法，同时利用试验和分析进行结构验证的分析过程，被称为“积木式”方法。在制订研究计划时，采用大量低成本的小试件试样进行试验，而只需要少量较贵的部件和全尺寸试验件，这样就达到了控制成本以及高效利用经费的目的。

虽然积木式方法的概念在复合材料工业界得到广泛的认可，但由于其应用严格程度不同、材料类型和性能不同从而并未达到通用的程度。在已有的标准中已经对最低层的试验定义了试样数量与材料基准值之间的关系，但是在更高和更复杂的高层级的结构中，确定试件数量会出现随意性，具体数目大多基于历史经验、结构的关键性、工程判断以及经济状况决定。而且已有复合材料结构的积木式方法大多是针对结构的静力性能开展的。在复合材料结构疲劳寿命研究中，都是对特定的结构直接进行疲劳试验，并没有形成系统的不同层级循序递进的试验与验证方法，对同样材料体系的结构试件都要进行疲劳试验，造成了试验经费和时间成本的浪费。因此将积木式设计方法应用在复合材料结构疲劳的研究中具有重要意义。

复合材料层合板结构是由单向带按照一定角度铺设而成，因此研究层合板的疲劳性能需要从单向板出发，从而进行准静态力学性能和疲劳性能的研究。积木式试验设计方法中，试样级材料参数是不可或缺的。本章通过 T800 碳纤维环氧树脂单向板的疲劳试验，得到不同铺层单向板刚度与强度的疲劳退化规律，并以此作为输入条件来预测任意铺层层合板的疲劳性能。基础疲劳参数对后续层级的疲劳模拟及结构寿命预测有着重要意义，参数的准确性是建立准确的同材料类型复合材料疲劳数据库的保证，并且从基础疲劳参数测定上对复合材料疲劳寿命分散的特性加以控制，保证积木式方法中的基础层级的稳定。

2.2　试验前期工作

2.2.1　试验环境与参考标准

根据 GB/T 1446—2005，本书的疲劳试验均在室温大气环境中进行，室内温度为（23±2）℃，相对湿度为（50±10）%。试件在试验前均进行外观检查，将不符合设计尺寸或带有初始缺陷的试件予以剔除。复合材料单向板试件的加工尺寸、加强片尺寸以及加载方式等参考标准 GJB 2637—1996、GB/T 16779—2008、GB/T 3354—1999、GB/T 5258—1995、ASTM D3479/3479M、ASTM D3410/D3410M、ASTM D3039/D3039M[110-116]，测试面内剪切性能的±45° 偏轴静态和疲劳拉伸试验参照 ASTM D3518/D3518M[117]。

2.2.2 试验设备

2.2.2.1 试验加载系统

本书进行的 T800 碳纤维/环氧树脂单向板静态和疲劳试验中，不同方向铺设的单向板具有不同的极限载荷。其中$[0]_{16}$铺设的单向板极限拉伸载荷大约在 150～200 kN，而$[\pm 45]_{8}$铺设的试件极限拉伸载荷约为 20 kN。为了使测得的数据更加准确，根据不同的极限载荷选择不同量程试验机。试验所采用的加载系统为 MTS370-10 和 MTS370-25，如图 2-1 所示，最大量程分别为 100 kN 和 250 kN。

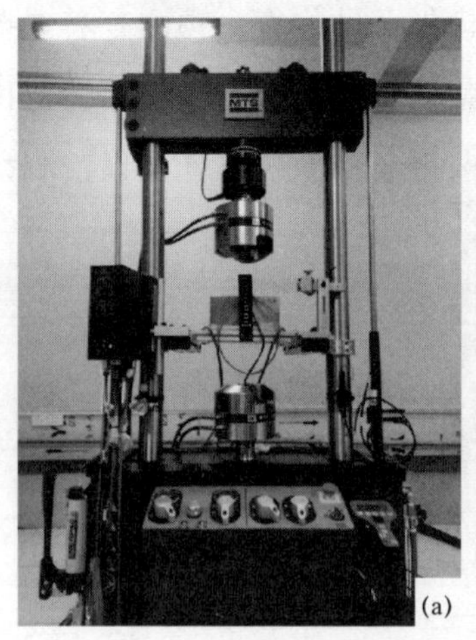

图 2-1 MTS 测试系统

（a）MTS370-10 试验系统；（b）MTS370-25 试验系统

2.2.2.2　应变测量设备

应变仪采用的是 DH5956 网络型动态信号测试分析系统（图 2-2），可完成应力应变、振动（加速度、速度、位移）、冲击、声学、温度、压力、电压、电流等各种物理量的测试和分析。但是应变仪不能实现全域测量，并且在疲劳过程中很难捕捉到疲劳失效位置的应变变化。因此在试验中同时采用三维数字图像相关技术来测试试件的应变数据。

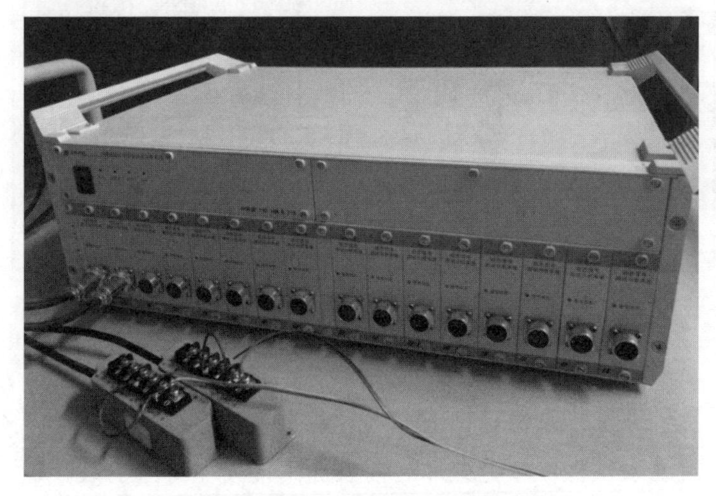

图 2-2　DH5956 动态信号测试分析仪

三维数字图像相关法（DIC，Digital Image Correlation Method）是采用两台高速摄像机同步采集测量对象表面的图像，结合双目立体视觉进行变形测量的光学非接触式的高精度测量方法[118,119]。其基本思想是通过拍摄和处理表面图像变形前后的二维图像来获得三维位移和应变分布。三维 DIC 技术通过匹配测量区域变形前后的散斑图像来计算三维位移场，依靠数值微分计算从而获得应变场[120-121]。数字图像相关技术可以在疲劳试验的全过程表征材料表面的应变场，为研究疲劳机理提供新的研究方法。复合材料疲劳试验中所用的 DIC 设备如图 2-3 所示。通过两台呈角度放置的高速摄像机捕捉拍摄表面喷有散斑的试件，然后将采集到的图片进行分析得到疲劳过程中实时的应变状态。

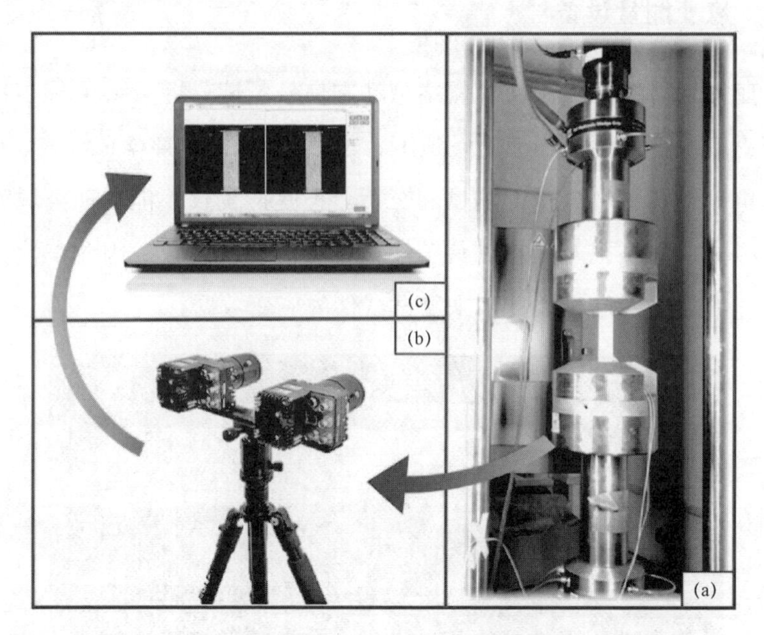

图 2-3　三维 DIC 示意图

（a）喷涂散斑的试件；（b）高速摄像机；（c）照片采集系统

在复合材料疲劳试验过程中发现，由于两种方法都是对试件表面进行监测，这就要求试件在疲劳破坏之前表面不能发生纤维劈裂，也不允许提前发生分层破坏。这样会导致只获取了试件表面应变，结果是不符合实际情况的。为了解决这一问题，通过记录试验机疲劳位移数据，用整体位移变化来计算试件的整体应变。虽然这样无法测得真实的应变值，但是计算刚度衰减程度可以认为是准确的。

2.2.2.3　热成像监测

红外热像仪通常用于检测设备在动态过程中的损伤情况或运行状态。如果在疲劳过程中出现裂纹、分层等损伤状态，试件的性能会因摩擦等效应而减弱并伴随着热量产生，进而提高损伤和相邻区域的温度。从而为红外热成像技术监测 CFRP 的损伤提供了条件。进入 21 世纪以来，国内外学者开展了一系列基于红外热成像技术的 CFRP 层合板损伤演化研究[50,122-126]。热成像技术的使用对于掌握复合材料疲劳力学行为和剩余寿命预测具有重要意义。本论文采用的热成像设备为 FLIR-A655sc 高分辨率科研用长波红外热像仪，对设备、产品和工艺中与热量相关的因素进行实时、精确、定量的分析。配合 ResearchIR MAX 软件可以实现从疲劳初期到破坏过程中试件表面的温度场监测，并将区域内最高温度具体变化进行记录（图 2-4）。

图 2-4　FLIR 热像仪和 ResearchIR 数据采集分析应用程序

2.2.3　试件编号和尺寸

试验前按表 2-1 对试件进行编号。其中，D0 表示 0° 铺设的单向板，D45 表示±45° 铺设的层合板；字母 T 和 C 分别代表拉伸和压缩，TF 和 CF 分别代表拉伸疲劳和压缩疲劳，X 表示同类别试验中不同试件的编号。

根据已有的试验标准可知，试件在不同载荷类型下的尺寸均有不同。而本书测试的试样级试件的基础参数是用于模拟更高层级的试件，需要尽可能地对尺寸进行统一。拉伸和压缩试件的形状和尺寸分别如图 2-5 和图 2-6 所示，单位为 mm。其中±45° 偏轴拉伸试件尺寸和轴向拉伸试件尺寸相同。试验前需要在试件两端用铝制夹持加强片进行加固，加强片厚度为 2 mm，并且根据试验标准要求在试验过程中加强片不能脱落，且试件断裂位置不能处于加强片区域。

表 2-1　不同试件的类型及编号

试验类型	准静态试验	疲劳试验
0°轴向拉伸	D0-T-X	D0-TF-X
90°轴向拉伸	D90-T-X	D90-TF-X
0°轴向压缩	D0-C-X	D0-CF-X
90°轴向压缩	D90-C-X	D90-CF-X
±45°偏轴拉伸	D45-T-X	D45-TF-X

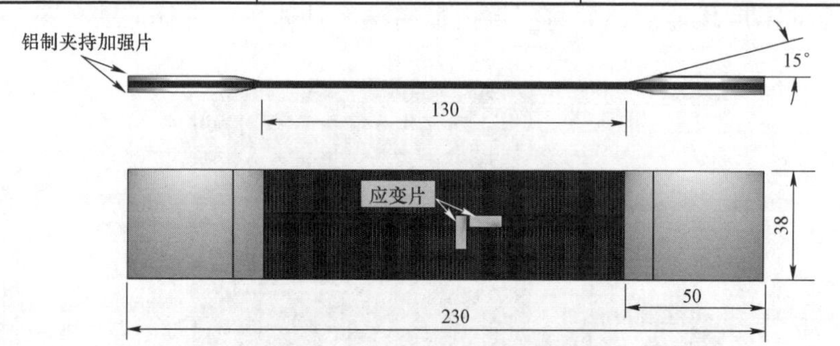

图 2-5　$[0]_{16}$ 和$[90]_{16}$ 单向板拉伸试验件形状与尺寸

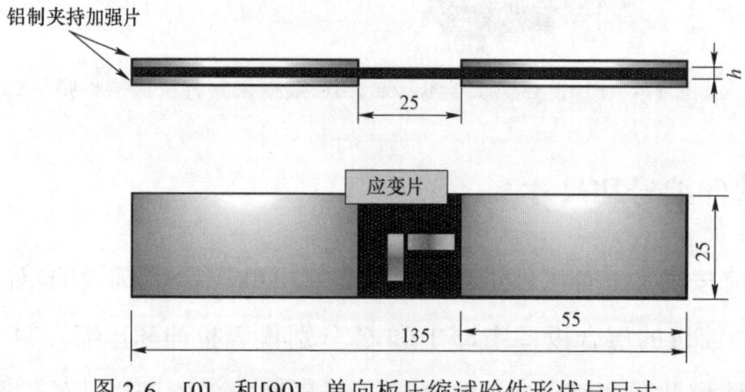

图 2-6　$[0]_{16}$ 和$[90]_{16}$ 单向板压缩试验件形状与尺寸

2.3　$[0]_{16}$ 单向板轴向拉伸试验

2.3.1　$[0]_{16}$ 准静态拉伸试验

首先确定$[0]_{16}$ 单向板准静态拉伸的极限强度，为之后的拉伸-拉伸疲劳试验提供疲劳载荷参考。复合材料的力学性能分散性较大，为了提高测量准确性，选取三个试件进行准静态拉伸试验，编号分别为：D0-T-1、D0-T-2、D0-T-3。按照试验标准要求，试验前分别测量试样的宽度和厚度。准静态拉伸试验件表面沿着中线位置粘贴纵向和横向应变片，分别测量纵向应变 ε_{11} 和横向应变 ε_{22}。试验加载速率为 0.5 mm/min。由公式（2-1）、（2-2）、（2-3）计算$[0]_{16}$单向板弹性模量 E_{11} 和极限强度 X_T：

$$E_{11}=\frac{\sigma_{11}}{\varepsilon_{11}}=\frac{F_T}{Wh\varepsilon_{11}} \tag{2-1}$$

$$X_T=\frac{F_{T\max}}{Wh} \tag{2-2}$$

$$\nu_{21}=-\frac{\varepsilon_{22}}{\varepsilon_{11}} \tag{2-3}$$

其中 F_T 为线性段的拉伸载荷（kN）；$F_{T\max}$ 为极限拉伸载荷（kN）；W 和 h 分别为试件的宽度（mm）和厚度（mm）；ν_{21} 为主泊松比。$[0]_{16}$单向板准静态拉伸试验结果见表 2-2。图 2-7 中为$[0]_{16}$单向板准静态拉伸后试件的断裂形貌，可以看到破坏后的试件都沿着纤维方向呈现劈丝的状态，这样的现象在试件加载过程中就会出现。劈丝破坏的产生会导致试件加载过程中承受载荷的横截面积减小，从而使极限强度的试验结果偏小。

表 2-2　$[0]_{16}$单向板准静态拉伸试验结果

<table>
<tr><th>试件编号</th><th>宽度/mm</th><th>厚度/mm</th><th>极限载荷/kN</th><th>极限强度/MPa</th><th>强度均值/MPa</th><th>强度离散系数/%</th><th>模量 E_{11}/GPa</th><th>模量均值/GPa</th><th>模量离散系数/%</th></tr>
<tr><td>D0-T-1</td><td>37.98</td><td>2.65</td><td>162.92</td><td>1 618.83</td><td rowspan="3">1 681.53</td><td rowspan="3">7.75</td><td>152.19</td><td rowspan="3">157.66</td><td rowspan="3">4.40</td></tr>
<tr><td>D0-T-2</td><td>37.92</td><td>2.59</td><td>175.44</td><td>1 787.44</td><td>161.66</td></tr>
<tr><td>D0-T-3</td><td>37.93</td><td>2.64</td><td>164.12</td><td>1 638.33</td><td>159.14</td></tr>
</table>

图 2-8 为$[0]_{16}$单向板准静态拉伸载荷-位移曲线。从图中可以发现，$[0]_{16}$单向板在拉伸载荷达到 100 kN 以上时，载荷会随着位移增大出现突然抖动，这是由于试件沿着 0°发生了损伤。因此在计算模量时，选择了拉伸载荷为

0 kN 至 100 kN 之间的区域计算试件的模量。根据热像仪的记录结果，将试件载荷位移曲线和温度曲线进行对应，如图 2-9 所示。从图中可以看到在试件加载过程中载荷的抖动并不会引起明显的温度变化，而在断裂的一瞬间，试件最高温度由 29 ℃突然上升到 41 ℃。图 2-10 给出了试件在拉伸过程中表面温度的变化情况。当试验机位移达到 4.1 mm 的时候试件断裂，试件的高温区域出现在上下端部的断裂位置，而试件中部区域还处在 30 ℃左右，相比断裂前上升了 2～3 ℃。

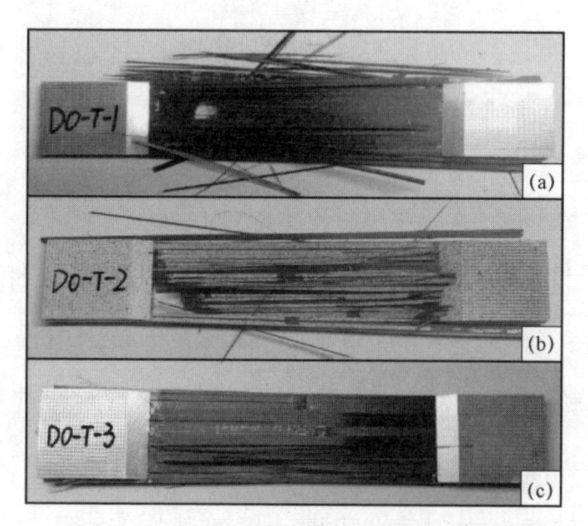

图 2-7 $[0]_{16}$ 单向板准静态拉伸破坏形貌

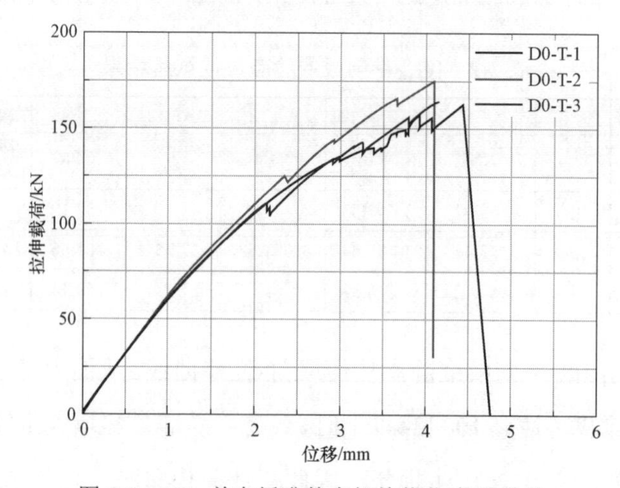

图 2-8 $[0]_{16}$ 单向板准静态拉伸载荷-位移曲线

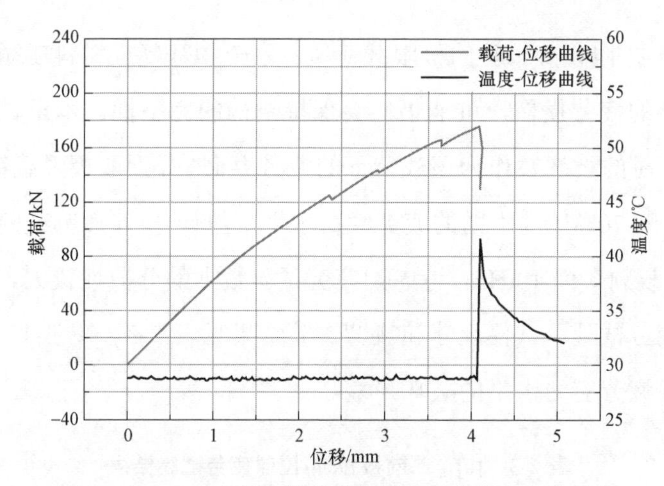

图 2-9　$[0]_{16}$ 单向板拉伸载荷和温度随位移变化的曲线

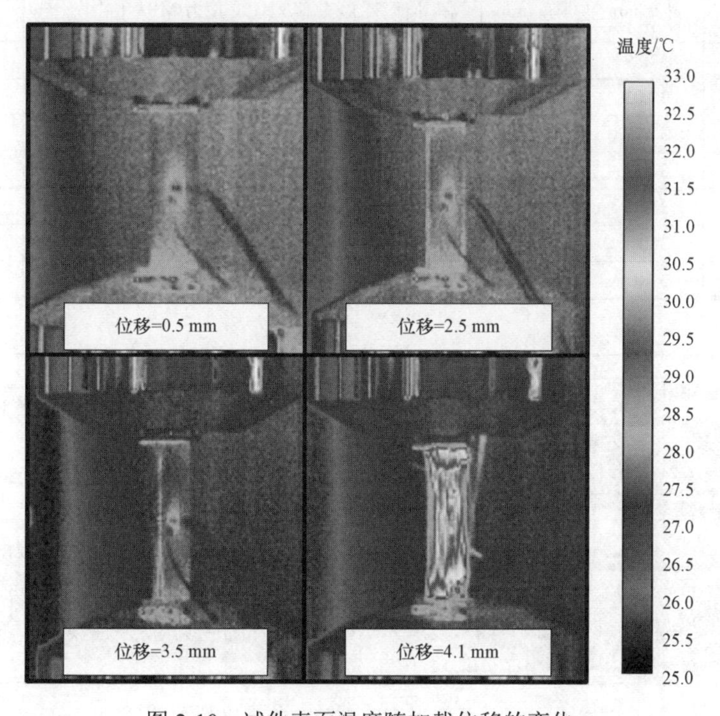

图 2-10　试件表面温度随加载位移的变化

2.3.2　$[0]_{16}$ 拉伸-拉伸疲劳试验

$[0]_{16}$ 单向板准静态拉伸试验测得的最大载荷的平均值为 167.47 kN，以此作为拉伸-拉伸疲劳试验的极限载荷值。聚合物基复合材料在循环载荷下即使有明显的疲劳损伤，可能仍然会保持结构的完整性。本章试验记录出现试件断裂时的循环数作为该载荷下的疲劳寿命。分别取极限载荷的 85%、80%、75%和 70%作为不同的疲劳载荷水平。拉伸-拉伸疲劳试验的应力比 $R=0.1$，加载频率为 10 Hz。考虑到疲劳试验数据的分散性较大，选取 7 个试件进行疲劳试验。试件尺寸和疲劳试验结果见表 2-3。图 2-11 为$[0]_{16}$单向板在不同疲劳应力水平的破坏形貌。

表 2-3　$[0]_{16}$单向板拉伸-拉伸疲劳试验结果

试件编号	宽度/mm	厚度/mm	载荷水平/%	载荷/kN	应力/MPa	疲劳寿命 N	疲劳寿命对数 lg N
D0-TF-1	37.89	2.65	85	142.47	1 418.90	249	2.396
D0-TF-2	37.83	2.67	80	133.98	1 326.45	3 316	3.521
D0-TF-3	37.97	2.66	80	133.98	1 326.53	1 126	3.052
D0-TF-4	37.90	2.65	75	125.60	1 250.56	72 246	4.859
D0-TF-5	37.90	2.66	75	125.60	1 245.86	107 922	5.033
D0-TF-6	38.01	2.63	70	117.23	1 172.70	421 294	5.625
D0-TF-7	37.91	2.61	70	117.23	1 184.80	212 586	5.328

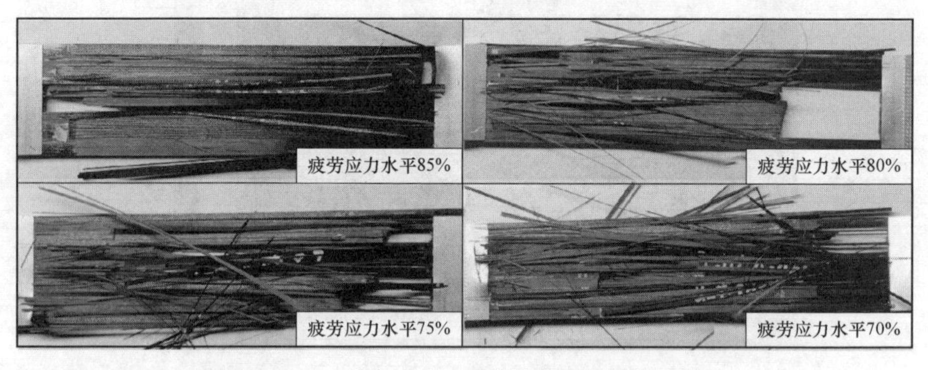

图 2-11　$[0]_{16}$单向板不同疲劳应力水平的破坏形貌

以疲劳寿命常用对数为横坐标，拉伸疲劳应力水平为纵坐标，对数据进行拟合，绘制出 T800 碳纤维环氧树脂$[0]_{16}$单向板拉伸-拉伸疲劳的 S-N 曲线，如图 2-12 所示。利用软件 Origin 进行线性拟合，相关系数的平方值

$R_c^2 = 0.936$，拟合程度较好。拉伸准静态破坏和疲劳破坏的机理有所不同，在拉伸-拉伸疲劳过程中，将热像仪记录的温度变化和试件形貌相对应，图 2-13 中展示了试件 D0-TF-6 在拉伸疲劳过程中温度随着疲劳周次的变化，并在图中分别给出了在疲劳周次 $N=10$、$N=300\ 000$ 以及 $N=421\ 294$ 时试件的表面形貌和温度分布情况。

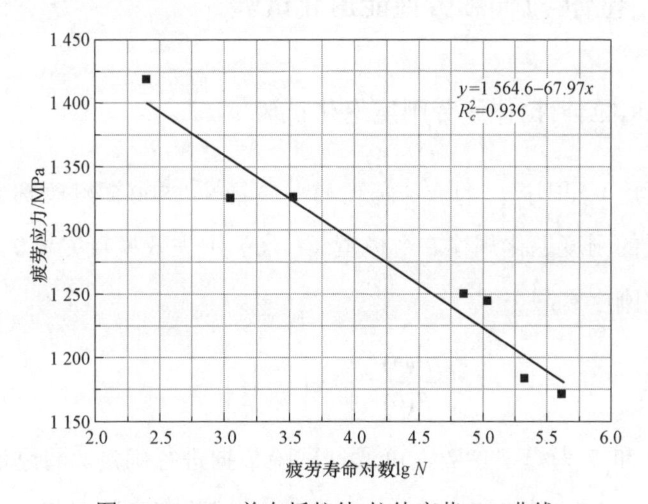

图 2-12　$[0]_{16}$ 单向板拉伸-拉伸疲劳 S-N 曲线

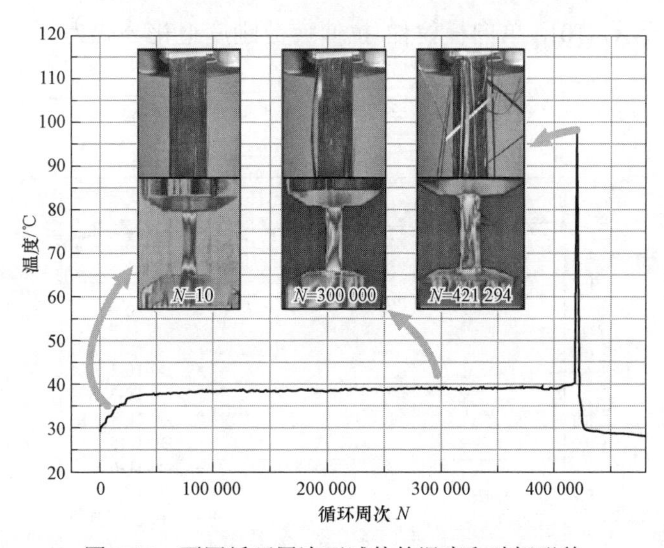

图 2-13　不同循环周次下试件的温度和破坏形貌

和准静态拉伸试验不同，试件在疲劳循环 3 000 次左右就迅速从 28 ℃

攀升到 37 ℃，并且在很长一段时间均保持在 38 ℃。当试件发生疲劳破坏前，表面温度有一个微小的上升，然后伴随着试件断裂急剧上升，温度最高值达到了 97 ℃。可以凭借复合材料达到疲劳寿命前温度会出现轻微上升的现象，从而依靠温度变化预测试件即将发生疲劳破坏。

2.3.3 $[0]_{16}$拉伸-拉伸疲劳性能退化试验

2.3.3.1 $[0]_{16}$拉伸-拉伸疲劳刚度退化试验

本书采用 Wu[58]提出的疲劳损伤模型来描述 T800 碳纤维环氧树脂复合材料单向板的刚度退化规律。令模型（1-16）中失效模量 $E_{\mathrm{f}}=0$，可以简化得到归一化刚度衰减公式

$$\frac{E(n)}{E(0)}=\left[1-\left(\frac{n}{N}\right)^{B}\right]^{A} \tag{2-4}$$

其中 A 和 B 为模型参数，可通过试验数据进行确定。将刚度数据统一进行拟合，可以得到 $A=0.018$、$B=0.010$。试验刚度数据和刚度退化曲线如图 2-14 所示，$[0]_{16}$ 单向板拉伸-拉伸疲劳刚度退化公式为

$$\frac{E(n)}{E(0)}=\left[1-\left(\frac{n}{N}\right)^{0.018}\right]^{0.010} \tag{2-5}$$

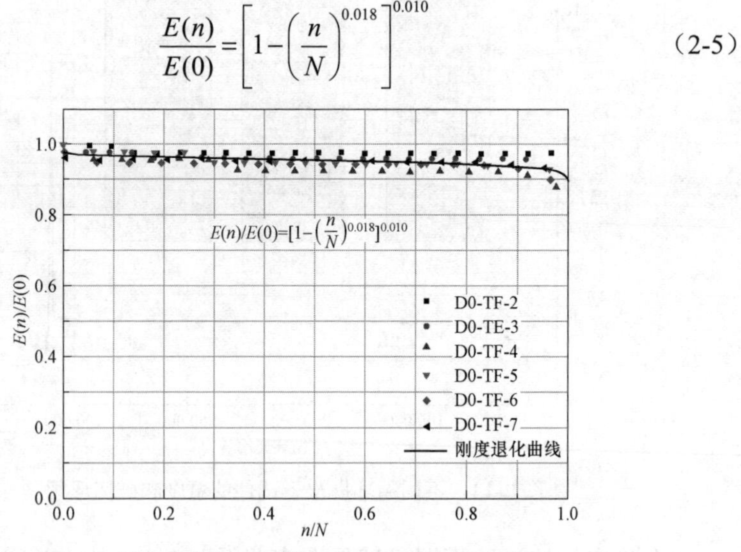

图 2-14 $[0]_{16}$ 单向板拉伸-拉伸疲劳刚度退化曲线

$[0]_{16}$ 单向板在拉伸-拉伸疲劳过程中刚度和温度随循环次数的关系如图 2-15 所示。可以明显地看出试件温度会随着刚度的突然变化而波动。在刚度稳定下降的过程时，试件温度会保持在一个稳定的数值。在试件即将破坏的时候，会伴随比较明显的温度上升。当试件完全失效时，温度会瞬间达到峰值。

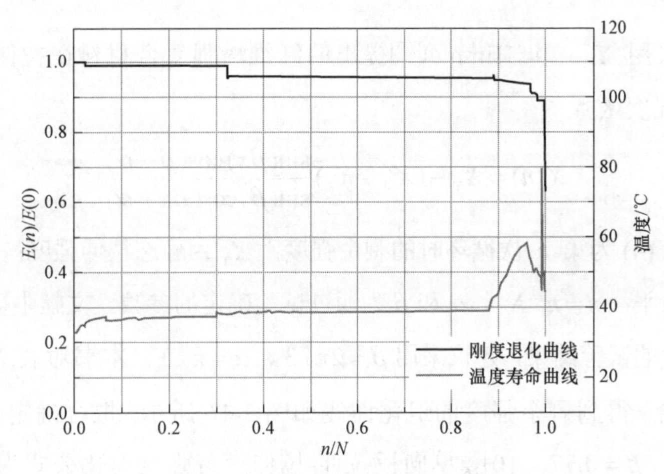

图 2-15　$[0]_{16}$ 单向板拉伸-拉伸疲劳刚度退化和温度的关系

2.3.3.2　$[0]_{16}$ 拉伸–拉伸疲劳强度退化试验

在 2.3.2 节中已经得到了 $[0]_{16}$ 单向板拉伸-拉伸疲劳 *S-N* 曲线，选择疲劳次数 $N=1\times10^5$ 对应的应力水平作为剩余强度试验的载荷。然后对试件分别进行疲劳寿命的 20%、40%、60%、80%次循环加载，再对试件进行准静态的拉伸试验得到试件的剩余强度，试验结果见表 2-4。

表 2-4　$[0]_{16}$ 单向板拉伸疲劳强度退化结果

试件编号	应力水平	循环次数 n	剩余强度 X_n/MPa
D0-TF-8	1 224.75 MPa（72.8%）	20 000	1 649.99
D0-TF-9		20 000	1 723.56
D0-TF-10	1 224.75 MPa（72.8%）	40 000	1 680.60
D0-TF-11		40 000	1 652.86

续表

试件编号	应力水平	循环次数 n	剩余强度 X_n/MPa
D0-TF-12	1 224.75 MPa（72.8%）	60 000	1 621.39
D0-TF-13		60 000	提前破坏
D0-TF-14		80 000	1 643.23
D0-TF-15		80 000	1 536.09

本书采用 Yao 和 Himmel[69]提出的纤维增强复合材料在拉伸疲劳载荷下的剩余强度函数

$$X(n)=X_{\mathrm{T}}-(X_{\mathrm{T}}-X_{\mathrm{F}})\frac{\sin(\beta x)\cos(\beta-\alpha)}{\sin(\beta)\cos(\beta x-\alpha)} \tag{2-6}$$

其中 $X(n)$ 为第 n 次循环时的剩余强度；X_{T} 为静态拉伸强度；X_{F} 为疲劳应力加载水平；$x=n/N$，α 和 β 为通过试验确定的参数。文献中提及如果没有剩余强度的试验结果，建议采用 $\beta=2\pi/3$、$\alpha=\pi/3$。本书对表 2-4 中的数据进行拟合，得到剩余强度的退化曲线如图 2-16 所示，拟合确定的参数为：$\alpha=-0.75$，$\beta=0.77$。$[0]_{16}$ 单向板拉伸-拉伸疲劳强度退化公式为

$$X(n)=1\,681.5-32.6\times\frac{\sin(0.77x)}{\cos(0.77x+0.75)} \tag{2-7}$$

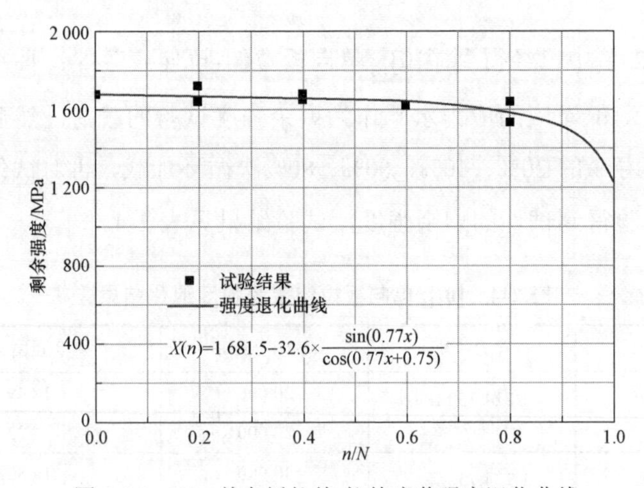

图 2-16　$[0]_{16}$ 单向板拉伸-拉伸疲劳强度退化曲线

2.4　$[0]_{16}$单向板轴向压缩试验

2.4.1　$[0]_{16}$单向板准静态压缩实验

首先确定$[0]_{16}$单向板准静态压缩时的极限强度，为压缩疲劳试验提供载荷参考值。选取三个试件进行准静态压缩试验，编号分别为：D0-C-1、D0-C-2、D0-C-3。为了统一准静态压缩和压缩疲劳试件尺寸，本章压缩试件尺寸均如表 2-5 所示。表 2-5 列出了$[0]_{16}$单向板准静态压缩试件的测量尺寸和压缩试验结果。

表 2-5　$[0]_{16}$单向板准静态压缩试验结果

试件编号	宽度/mm	厚度/mm	极限载荷/kN	极限强度/MPa	强度均值/MPa	强度离散系数/%	模量 E_{11}/GPa	模量均值/GPa	模量离散系数/%
D0-C-1	25.10	2.62	69.54	1 056.30	1 064.82	1.21	135.07	136.75	2.15
D0-C-2	25.05	2.62	69.82	1 063.70			136.10		
D0-C-3	25.06	2.61	70.20	1 074.45			139.08		

图 2-17 为$[0]_{16}$单向板准静态压缩后的断裂形貌，可以发现断裂界面较为平整，断裂角度大约为 71.3°。同$[0]_{16}$单向板准静态拉伸试验一样，沿着纤维方向也会产生裂纹。

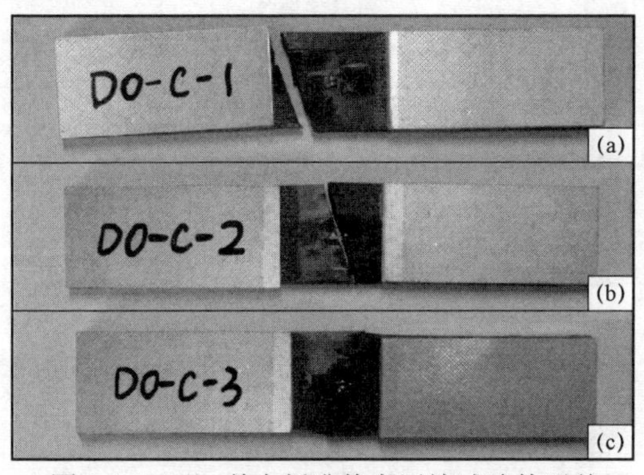

图 2-17　$[0]_{16}$单向板准静态压缩试验件形貌

2.4.2 $[0]_{16}$单向板压缩-压缩疲劳试验

$[0]_{16}$单向板准静态压缩试验测得的最大载荷均值为 69.85 kN，以此作为$[0]_{16}$单向板压缩-压缩疲劳试验的极限载荷。分别取极限载荷的 85%、83%、80%、79%、78%和 75%作为疲劳载荷水平。压缩疲劳试验中的应力比 R 为 10，疲劳试验机加载频率为 10 Hz。共选取 7 个试件进行疲劳试验。疲劳寿命结果见表 2-6。本书考察复合材料疲劳性能主要在 10^6 循环次数以内，因此当疲劳寿命大于 10^6 时试验终止，并在疲劳寿命结果中用“+”进行标记。图 2-18 展示了在疲劳载荷水平为 85%、83%和 79%下各个试件的断裂形貌。和准静态压缩破坏不同的是，压缩疲劳断裂的界面并不会呈现明显的角度，并且沿着纤维方向的裂纹会更加密集。图 2-19 为$[0]_{16}$单向板压缩-压缩疲劳 S-N 曲线。

表 2-6 $[0]_{16}$单向板压缩-压缩疲劳试验结果

试件编号	宽度/mm	厚度/mm	载荷水平/%	载荷/kN	应力/MPa	疲劳寿命 N	疲劳寿命对数 lg N
D0-CF-1	25.00	2.62	85	59.33	905.80	331	2.52
D0-CF-2	24.80	2.60	83	57.93	898.42	18 051	4.26
D0-CF-3	25.02	2.60	80	55.84	858.39	83 745	4.93
D0-CF-4	25.00	2.60	80	55.84	859.08	66 639	4.82
D0-CF-5	24.84	2.50	79	55.14	887.92	162 920	5.21
D0-CF-6	25.40	2.56	78	54.44	837.23	1 000 000+	6.00
D0-CF-7	25.00	2.60	75	52.35	805.38	1 000 000+	6.00

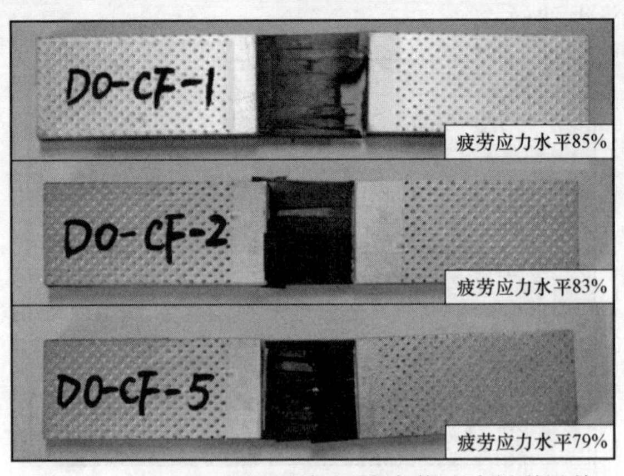

图 2-18 $[0]_{16}$单向板压缩-压缩疲劳试验断裂形貌

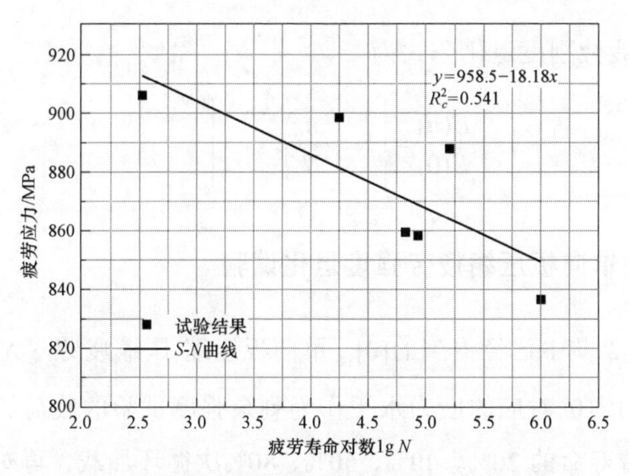

图 2-19　$[0]_{16}$ 单向板压缩-压缩疲劳 S-N 曲线

2.4.3　$[0]_{16}$ 单向板压缩疲劳性能退化试验

2.4.3.1　$[0]_{16}$ 单向板压缩疲劳刚度退化试验

使用退化模型（2-4）来表征$[0]_{16}$压缩疲劳刚度退化行为，可通过试验数据确定其中的模型参数 A 和 B。将压缩疲劳应力载荷下的刚度数据统一进行拟合，不考虑没有发生疲劳破坏的试件。可以得到 $A=0.0081$、$B=8.5\times10^{-4}$。压缩试验刚度数据和刚度退化曲线如图 2-20 所示，$[0]_{16}$ 单向

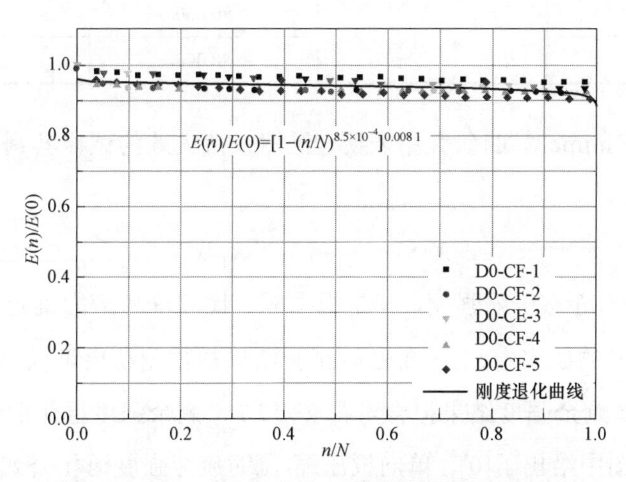

图 2-20　$[0]_{16}$ 单向板压缩-压缩疲劳刚度退化曲线

板压缩-压缩疲劳刚度退化公式为

$$\frac{E(n)}{E(0)}=\left[1-\left(\frac{n}{N}\right)^{8.5\times10^{-4}}\right]^{0.008\,1} \tag{2-8}$$

2.4.3.2 $[0]_{16}$ 单向板压缩疲劳强度退化试验

根据 2.4.2 节中已经得到的$[0]_{16}$单向板压缩-压缩疲劳 S-N 曲线，选择疲劳次数 $N=1\times10^5$ 对应的应力水平作为剩余强度试验的载荷。然后对试件分别进行疲劳寿命的 20%、40%、60%、80%次循环加载，再对试件进行准静态的压缩试验得到试件的剩余强度，试验结果见表 2-7。

表 2-7 $[0]_{16}$ 单向板压缩疲劳强度退化结果

试件编号	应力水平	循环次数 n	剩余强度 X_n/MPa
D0-CF-8	867.23 MPa（81%）	20 000	1 092.31
D0-CF-9		20 000	1 037.09
D0-CF-10		40 000	1 064.28
D0-CF-11		40 000	963.44
D0-CF-12		60 000	1 063.46
D0-CF-13		60 000	1 084.62
D0-CF-14		80 000	1 060.23
D0-CF-15		80 000	1 061.54

Yao 和 Himmel[69]的研究中表明，压缩载荷失效的试样其剩余强度衰减规律为

$$X(n)=X_c-[X_c-X_F]x^{\nu} \tag{2-9}$$

其中 X_c 为静态压缩强度，ν 是根据应力比和峰值应力确定的强度衰减参数。在 Yao 的研究中，$\nu=0.62$ 时试验结果与预测结果可以良好地对应。而根据表 2-7 剩余强度结果拟合可得 $\nu=17.7$，剩余强度退化曲线如图 2-21 所示，并在图中给出了$[0]_{16}$ 单向板压缩-压缩疲劳强度退化公式。

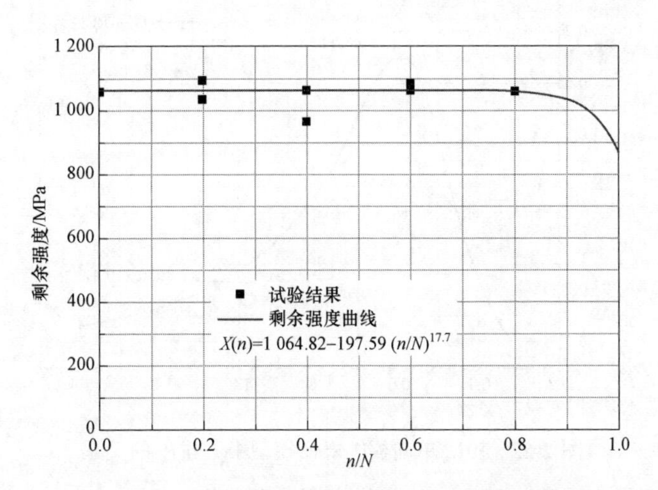

图 2-21　$[0]_{16}$单向板压缩-压缩疲劳强度退化曲线

2.4.4　$[0]_{16}$单向板等寿命模型

Gathercole[127]等人针对 T800/5245 复合材料体系层合板提出了等寿命模型，经过简化整理得

$$u=\frac{\ln(a/f)}{\ln[(1-q)(c+q)]}=A+B\lg N \tag{2-10}$$

其中$a=\frac{\sigma_a}{\sigma_t}$，$c=\frac{\sigma_c}{\sigma_t}$，$q=\frac{\sigma_m}{\sigma_t}$；$\sigma_t$为拉伸强度，$\sigma_c$为压缩强度，$\sigma_a$为应力幅值，$\sigma_m$为应力均值，$A$和$B$为试验常数。研究中发现$f$的值固定为1.06是合理的。本书研究的材料体系和文献[127]相似，但铺层的方式略有不同，当选择$f=1.06$时，等寿命模型曲线拟合后结果不太理想，因此要对等寿命公式（2-10）进行修正。根据2.3.2节和2.4.2节的疲劳数据，找到f与线性拟合相关系数平方值R_c^2的关系，如图2-22所示。图中可以看出当$f=0.595$时R_c^2的值最大，说明对于本书所研究材料，$[0]_{16}$单向板等寿命模型中取$f=0.595$最优。图2-23为$[0]_{16}$铺层单向层合板疲劳等寿命模型，拟合后得到$A=0.747$，$B=0.092$。

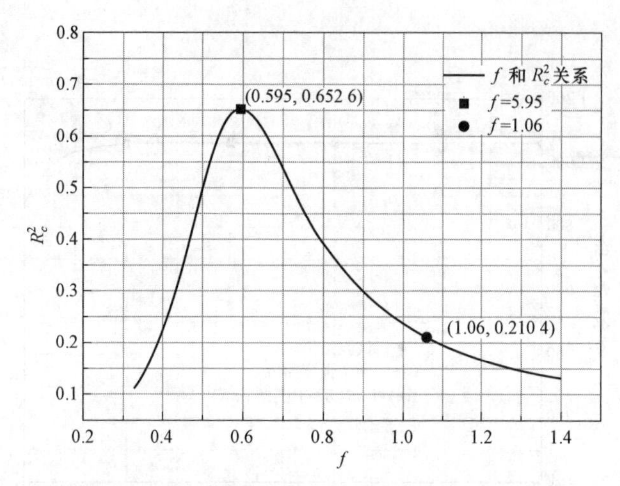

图 2-22 $[0]_{16}$ 单向板等寿命模型中 f 与 R_c 的关系

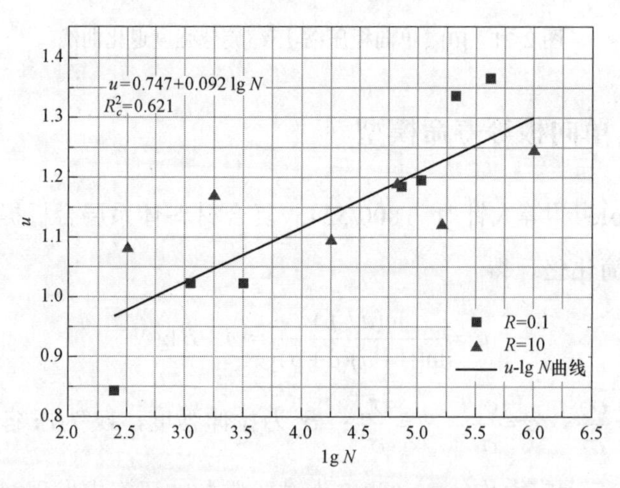

图 2-23 $[0]_{16}$ 单向板等寿命模型

2.5 $[90]_{16}$ 单向板轴向拉伸试验

2.5.1 $[90]_{16}$ 单向板准静态拉伸试验

首先确定$[90]_{16}$ 准静态拉伸的极限强度，为后续的拉伸-拉伸疲劳试验提供载荷参考值。为了提高测量精度，选取三个试件进行准静态压缩试验，编号分别为：D90-T-1、D90-T-2、D90-T-3。表 2-8 列出了$[90]_{16}$单向板准静态拉伸试件的尺寸和准静态拉伸试验结果。图 2-24 为$[90]_{16}$单向板准静态拉伸断裂形貌，由于$[90]_{16}$单向板沿着加载方向的性能过于薄弱，试件在试验机夹持时产生的应力集中会导致破坏大多出现在加强片附近。

表 2-8　$[90]_{16}$单向板准静态拉伸试验结果

试件编号	宽度/mm	厚度/mm	极限载荷/kN	极限强度/MPa	强度均值/MPa	强度离散系数/%	模量 E_{11}/GPa	模量均值/GPa	模量离散系数/%
D90-T-1	38.00	2.74	2.90	27.84	31.10	13.16	8.60	8.62	1.18
D90-T-2	37.98	2.70	3.42	33.37			8.56		
D90-T-3	38.24	2.66	3.26	32.09			8.70		

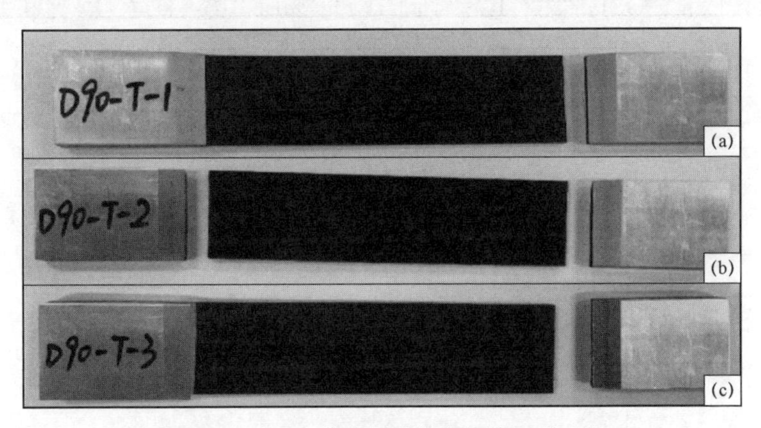

图 2-24　$[90]_{16}$单向板准静态拉伸断裂形貌

2.5.2　$[90]_{16}$拉伸-拉伸疲劳试验

$[90]_{16}$单向板准静态拉伸试验测得的最大载荷的平均值为 3.20 kN，以此作为$[90]_{16}$单向板拉伸疲劳试验的极限载荷值。分别取极限载荷的 80%、75%、70%、65%、60%、55%和 50%作为疲劳载荷。试验中疲劳载荷的应力比 R 为 0.1，疲劳试验机加载频率为 10 Hz。共选取 7 个试件进行疲劳试验。试件的尺寸和疲劳寿命结果见表 2-9。图 2-25 为$[90]_{16}$单向板拉伸-拉

伸疲劳 S-N 曲线。对比$[0]_{16}$单向板拉伸-拉伸疲劳试验结果可知，在相同的疲劳应力百分比下，$[90]_{16}$ 单向板的疲劳寿命更短。这是因为$[90]_{16}$ 单向板在拉伸疲劳过程中主要依靠基体和基体/纤维之间的法向作用力承载。

表 2-9　$[90]_{16}$ 单向板拉伸-拉伸疲劳试验结果

试件编号	宽度/mm	厚度/mm	载荷水平/%	载荷/kN	应力/MPa	疲劳寿命 N	疲劳寿命对数 lg N
D90-TF-1	38.00	2.76	80	2.56	24.41	143	2.40
D90-TF-2	38.34	2.76	75	2.40	22.68	105	3.52
D90-TF-3	38.00	2.70	70	2.24	21.83	2 657	3.05
D90-TF-4	37.80	2.78	65	2.08	19.79	1 267	4.86
D90-TF-5	37.98	2.66	60	1.92	19.00	6 733	5.03
D90-TF-6	38.00	2.74	55	1.76	16.90	24 683	5.63
D90-TF-7	38.06	2.66	50	1.60	15.80	35 369	5.33

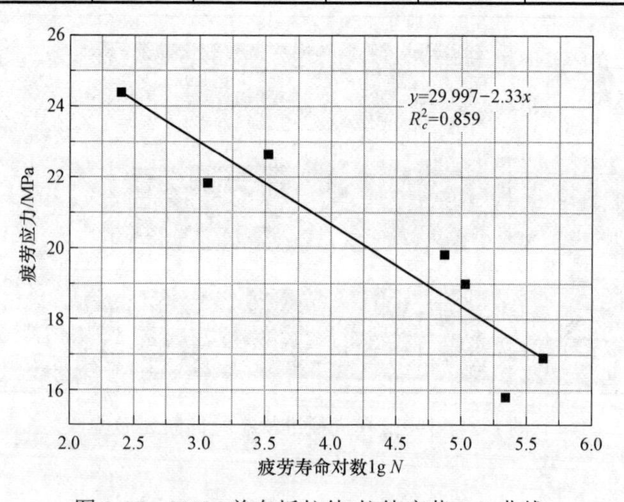

图 2-25　$[90]_{16}$ 单向板拉伸-拉伸疲劳 S-N 曲线

2.5.3　$[90]_{16}$ 拉伸-拉伸疲劳性能退化试验

2.5.3.1　$[90]_{16}$ 拉伸–拉伸疲劳刚度退化试验

将不同疲劳应力载荷下的刚度退化数据进行归一化，如图 2-26 所示，

拟合之后得到 $A=0.002\ 04$，$B=2.8\times10^{-14}$。

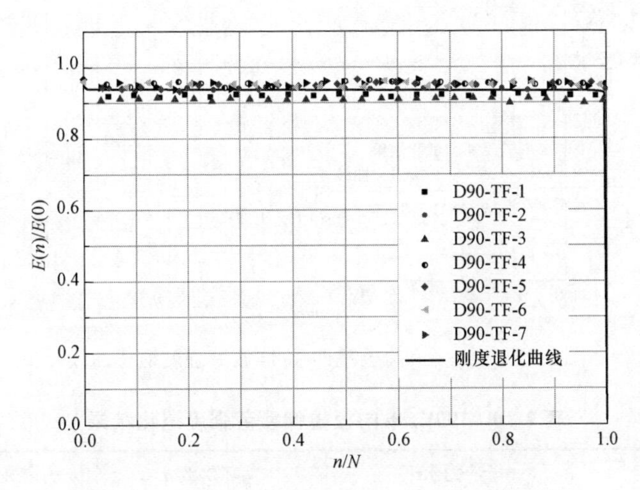

图 2-26　$[90]_{16}$ 单向板拉伸-拉伸疲劳刚度退化

根据拟合结果可以认为 $[90]_{16}$ 单向板拉伸-拉伸疲劳刚度退化并不明显。因此可以将初始刚度 $E(0)$ 作为任意循环次数下 $[90]_{16}$ 单向板的拉伸疲劳刚度值。

2.5.3.2　$[90]_{16}$ 拉伸–拉伸疲劳强度退化试验

根据 2.5.2 节中的 $[90]_{16}$ 单向板拉伸-拉伸疲劳 S-N 曲线，选择疲劳次数 $N=2\times10^4$ 对应的应力水平作为剩余强度试验的载荷。对试件分别进行疲劳寿命的 20%、40%、60%、80%次循环加载，再进行准静态的拉伸试验得到试件的剩余强度。

用剩余强度模型（2-6）对表 2-10 所列的数据进行拟合，得到剩余强度的退化曲线如图 2-27 所示，拟合确定的参数为：$\alpha=1.55$，$\beta=3.12$。$[90]_{16}$ 单向板拉伸-拉伸疲劳强度退化公式为

$$X(n)=31.1-1.534\times\frac{\sin(3.12x)}{\cos(3.12x-1.55)} \tag{2-11}$$

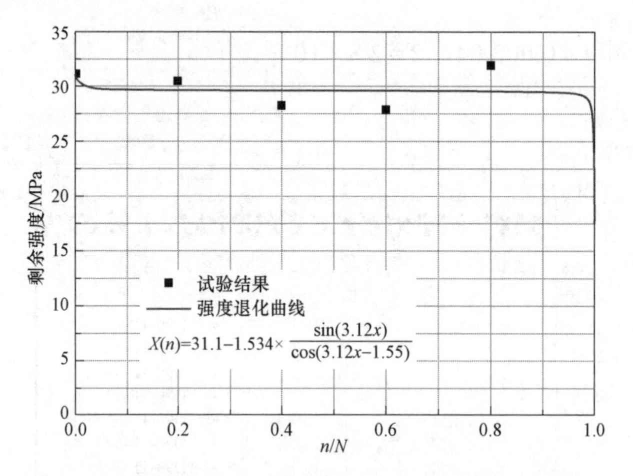

图 2-27 $[90]_{16}$单向板拉伸-拉伸疲劳强度退化曲线

表 2-10 $[90]_{16}$单向板拉伸疲劳强度退化结果

试件编号	应力水平	循环次数 n	剩余强度 X_n/MPa
D90-TF-8	17.35 MPa（55%）	4 000	30.37
D90-TF-9		8 000	28.22
D90-TF-10		12 000	27.83
D90-TF-11		16 000	31.94

2.6 $[90]_{16}$轴向压缩试验

2.6.1 $[90]_{16}$准静态压缩实验

首先确定$[90]_{16}$单向板准静态压缩时的极限强度，为后续的压缩-压缩疲劳试验提供载荷参考值。为了提高测量精度，选取三个试件进行准静态压缩试验，编号分别为：D90-C-1、D90-C-2、D90-C-3。按照试验标准要求，试验前分别测量试样的宽度和厚度，并取三次测量的平均值。表 2-11 列出了$[0]_{16}$单向板准静态压缩试件的测量尺寸和压缩试验结果。图 2-28 中为$[90]_{16}$单向板准静态压缩后的断裂形貌，可以发现断裂界面较为平整，断裂面均垂直于加载方向，而且试件会出现多条平行于断裂面的裂纹。

表 2-11　$[90]_{16}$ 单向板准静态压缩试验结果

<table>
<tr><th>试件编号</th><th>宽度/mm</th><th>厚度/mm</th><th>极限载荷/kN</th><th>极限强度/MPa</th><th>强度均值/MPa</th><th>强度离散系数/%</th><th>模量 E_{11}/GPa</th><th>模量均值/GPa</th><th>强度离散系数/%</th></tr>
<tr><td>D90-C-1</td><td>25.00</td><td>2.58</td><td>10.57</td><td>163.93</td><td rowspan="3">165.52</td><td rowspan="3">5.51</td><td>10.05</td><td rowspan="3">9.32</td><td rowspan="3">10.72</td></tr>
<tr><td>D90-C-2</td><td>24.80</td><td>2.60</td><td>11.13</td><td>172.62</td><td>8.64</td></tr>
<tr><td>D90-C-3</td><td>25.00</td><td>2.60</td><td>10.40</td><td>160.01</td><td>9.26</td></tr>
</table>

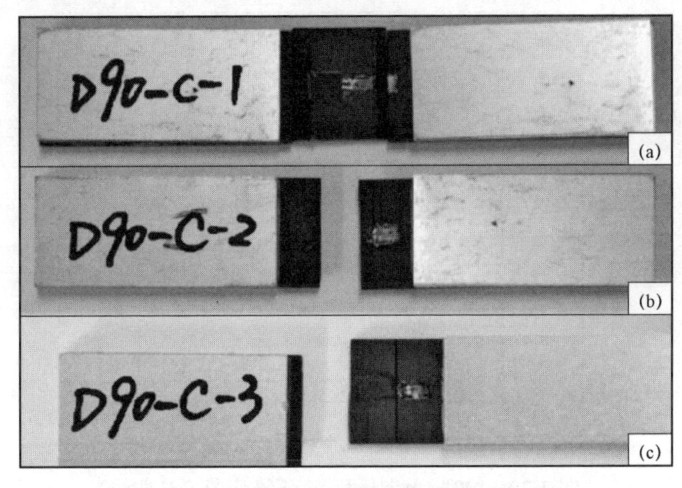

图 2-28　$[90]_{16}$ 单向板准静态压缩断裂形貌

2.6.2　$[90]_{16}$ 压缩-压缩疲劳试验

$[90]_{16}$ 单向板准静态压缩试验测得的最大载荷的平均值为 10.70 kN，以此作为 $[90]_{16}$ 单向板压缩-压缩疲劳试验的极限载荷值。分别取极限载荷的 95%、92%、90%、85%、83%、82%和 80%作为疲劳载荷。压缩疲劳试验中的应力为 10，疲劳试验机加载频率为 10 Hz。共选取 8 个试件进行疲劳试验。试件的尺寸和疲劳寿命结果见表 2-12。图 2-29 为 $[90]_{16}$ 单向板压缩疲劳 *S-N* 曲线。

表 2-12 $[90]_{16}$ 单向板压缩-压缩疲劳试验结果

试件编号	宽度/mm	厚度/mm	载荷水平/%	载荷/kN	应力/MPa	疲劳寿命 N	疲劳寿命对数 $\lg N$
D90-CF-1	24.84	2.50	95	9.88	159.10	330	2.52
D90-CF-2	24.88	2.74	92	9.57	140.38	77 906	4.89
D90-CF-3	25.10	2.62	90	9.36	142.33	50 574	4.70
D90-CF-4	25.24	2.60	90	9.36	142.63	2 211	3.34
D90-CF-5	25.00	2.60	85	8.84	136.00	100 022	5.00
D90-CF-6	25.00	2.70	83	8.63	127.85	9 368	3.97
D90-CF-7	25.00	2.66	82	8.53	128.27	133 789	5.13
D90-CF-8	25.10	2.70	80	8.32	122.77	103 623	5.02

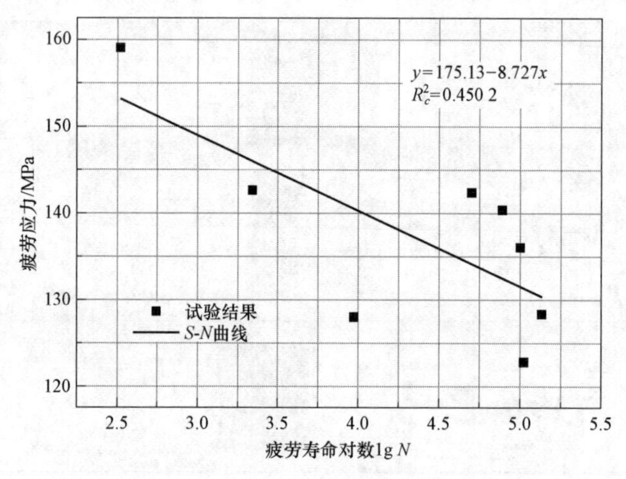

图 2-29 $[90]_{16}$ 单向板压缩-压缩疲劳 S-N 曲线

2.6.3 $[90]_{16}$ 压缩-压缩疲劳性能退化试验

2.6.3.1 $[90]_{16}$ 压缩-压缩疲劳刚度退化试验

使用退化模型（2-4）来描述 $[90]_{16}$ 压缩疲劳刚度退化行为，可通过试验数据确定其中的模型参数 A 和 B。将所有疲劳应力载荷下的刚度数据统一进行拟合，可以得到 $A=0.015\,4$ 、$B=0.003\,5$ 。压缩试验刚度数据和刚度退化曲线如图 2-30 所示，可以看出 D90-CF-5 和 D90-CF-7 在疲劳过程中刚度衰减比较平缓，D90-CF-3 在初始 $n/N=0.2$ 之后会有一个较为明显的下降。

将试验数据拟合后可得 $[90]_{16}$ 单向板压缩-压缩疲劳刚度退化公式为

$$\frac{E(n)}{E(0)}=\left[1-\left(\frac{n}{N}\right)^{0.0035}\right]^{0.0154} \tag{2-12}$$

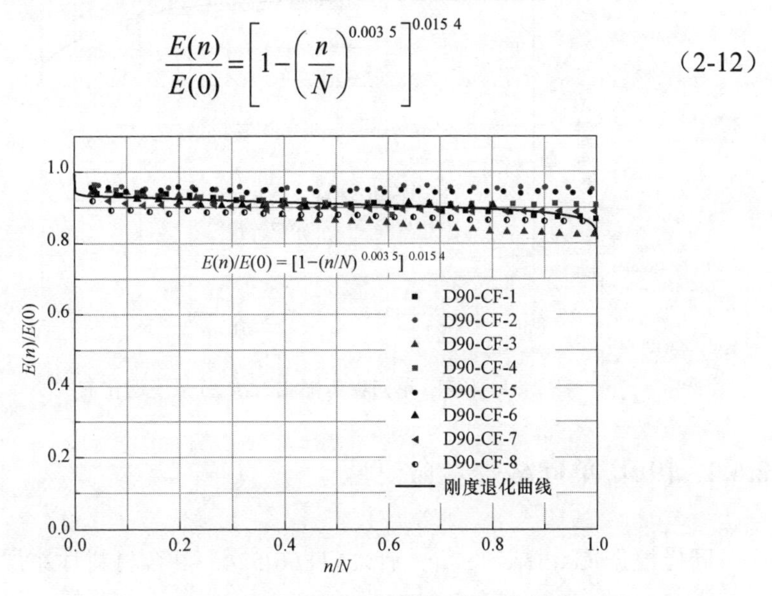

图 2-30　$[90]_{16}$ 单向板压缩-压缩疲劳刚度退化曲线

2.6.3.2　$[90]_{16}$ 压缩–压缩疲劳强度退化试验

根据 $[90]_{16}$ 单向板压缩-压缩疲劳 S-N 曲线，选择 $N=1\times10^5$ 对应的载荷进行压缩疲劳性能退化的载荷。对试件分别进行疲劳寿命的 20%、40%、60%、80%次循环加载，再对试件进行准静态的压缩试验得到试件的剩余强度，试验结果见表 2-13。

表 2-13　$[90]_{16}$ 单向板压缩疲劳强度退化结果

试件编号	应力水平	循环次数 n	剩余强度 X_n /MPa
D90-CF-8	131.65 MPa（80%）	20 000	158.46
D90-CF-9		40 000	160.00
D90-CF-10		60 000	167.69
D90-CF-11		80 000	156.00

采用剩余强度公式（2-7）对表 2-13 中数据进行拟合可得 $v=6.217$，剩余强度退化曲线和疲劳强度衰减模型如图 2-31 所示。

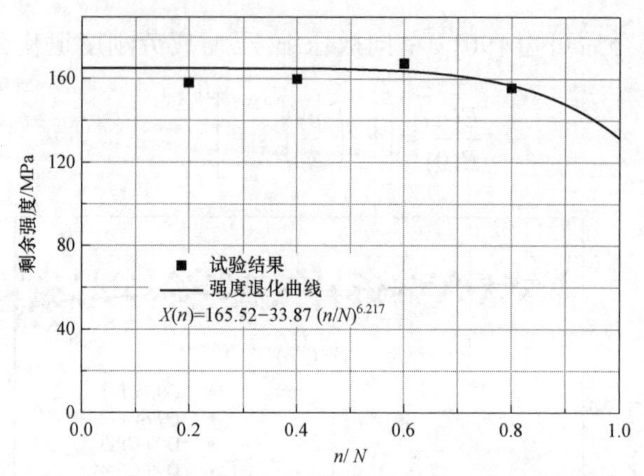

图 2-31　$[90]_{16}$ 单向板压缩-压缩疲劳强度退化曲线

2.6.4　$[90]_{16}$ 单向板等寿命模型

同样根据 Gathercole 等人针对 T800/5245 复合材料体系层合板提出的等寿命模型（2-10），当选择建议值 $f=1.06$ 时，$[90]_{16}$ 单向板等寿命模型拟合后同样不太理想。对 2.5.2 节和 2.6.2 节的疲劳数据结果进行拟合，找到 f 与线性拟合相关系数平方值 R_c^2 的关系，如图 2-32 所示。图中可以看出当 $f=0.023$ 时 R_c^2 的结果最大，说明对于本书所研究材料，$[90]_{16}$ 单向板等寿命模型中取 $f=0.023$ 最优。图 2-33 为 $[90]_{16}$ 铺层单向板疲劳等寿命模型，拟合后得到 $A=2.425$，$B=-0.12$。

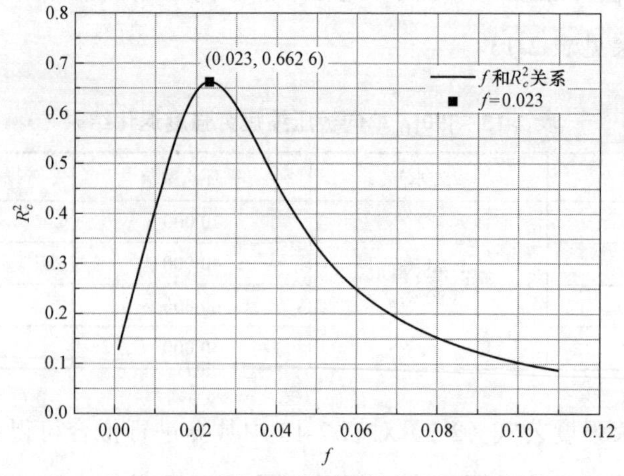

图 2-32　$[90]_{16}$ 单向板等寿命模型中 f 与 R_c 的关系

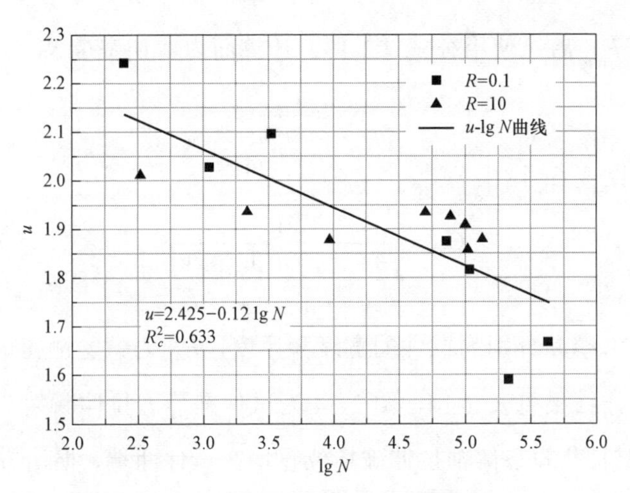

图 2-33　$[90]_{16}$铺层单向板等寿命模型

2.7　面内剪切试验

到目前为止，国内外已经发展了一系列的剪切试验方法，包括±45°偏轴和 10°偏轴拉伸试验、薄壁圆管扭转试验、V 形切口梁试验和轨道剪切试验等。上述试验方法各有优缺点，其中只有±45°偏轴拉伸、V 形切口梁试验以及薄壁圆管扭转试验纳入了 ASTM 试验标准。测定剪切性能的主要困难之一是如何保证在试样中产生完全理想的纯剪应力状态，同时还应该具备操作简便、经济、可重复性好的特点。±45°偏轴拉伸试验的试样加工简单，且不需要采用专门的加载夹具，试验操作简便，数据处理简单，因此选择用于本书面内剪切疲劳的试验方法。

2.7.1　$[\pm45]_8$偏轴拉伸准静态试验

分别选取三个试件进行准静态拉伸试验，编号分别为：D45-T-1、D45-T-2、D45-T-3，试验前分别测量试样的宽度和厚度。试验测得破坏时

的极限载荷 F_{max} 后，使用公式（2-13）计算面内剪切强度 S_{12}

$$S_{12}=\frac{F_{max}}{2Wh} \tag{2-13}$$

而剪切刚度 G_{12} 则由公式（2-14）计算[128]

$$G_{12}=\frac{1}{\frac{4}{E_{45}}-\frac{1}{E_{11}}-\frac{1}{E_{22}}+\frac{2\nu_{21}}{E_{11}}} \tag{2-14}$$

其中，W 和 h 分别为试件的宽度和厚度，E_{45} 为试验测得的纵向刚度。偏轴静态拉伸结果见表 2-14，图 2-34 为试件准静态拉伸断裂后的形貌。可以看到 $[\pm45]_8$ 准静态偏轴拉伸破坏位置均在试件两端，损伤方向沿着铺层方向。

表 2-14 $[\pm45]_8$ 层合板准静态拉伸试验结果

试件编号	宽度/mm	厚度/mm	极限载荷/kN	剪切强度/MPa	强度均值/MPa	强度离散系数/%	模量 G_{12}/GPa	模量均值/GPa	模量离散系数/%
D45-T-1	38.26	2.46	20.00	106.25	111.31	8.98	4.82	4.69	14.43
D45-T-2	38.28	2.35	21.48	119.39			4.16		
D45-T-3	38.24	2.48	20.54	108.29			5.09		

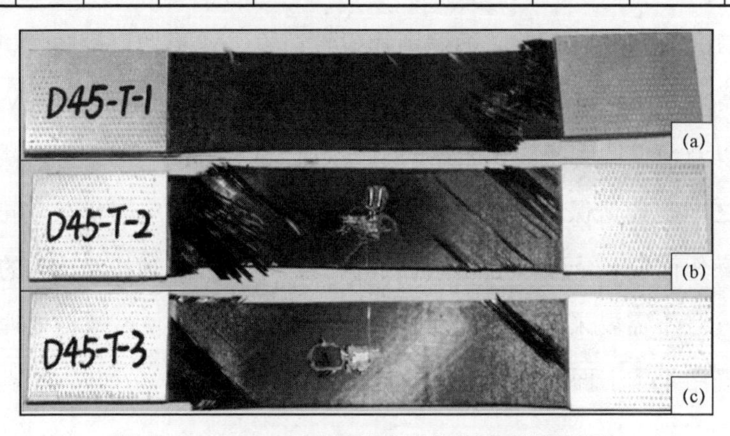

图 2-34 $[\pm45]_8$ 层合板准静态拉伸试验断裂形貌

2.7.2 $[\pm45]_8$ 偏轴拉伸疲劳试验

$[\pm45]_8$ 准静态拉伸试验测得的最大载荷的平均值为 20.67 kN，以此作为疲劳试验的极限载荷值。分别取极限载荷的 80%、70%、60%和 55%作为不同的疲劳载荷水平。$[\pm45]_8$ 层合板拉伸-拉伸疲劳试验的应力比 $R=0.1$，加载频率为 10 Hz。考虑到疲劳试验数据的分散性较大，选取 9 个试件进行疲劳试验。试件尺寸和疲劳试验结果见表 2-15。图 2-35 为不同疲劳载荷水平下 $[\pm45]_8$ 拉伸疲劳试件断裂形貌。同准静态拉伸断裂形貌相比，疲劳试件的损伤面积更广，并且每层的损伤均沿着铺设方向，试件分层破坏也更加严重。图 2-36 为 $[\pm45]_8$ 偏轴拉伸疲劳 *S-N* 曲线。

表 2-15　$[\pm45]_8$ 层合板拉伸-拉伸疲劳试验结果

试件编号	宽度/mm	厚度/mm	载荷水平/%	载荷/kN	剪切应力/MPa	疲劳寿命 *N*	疲劳寿命对数 lg *N*
D45-TF-1	38.34	2.48	80	16.53	86.92	543	2.73
D45-TF-2	38.06	2.39	70	14.47	79.54	1 378	3.14
D45-TF-3	38.07	2.46	60	12.40	66.20	7 557	3.88
D45-TF-4	38.18	2.49	60	12.40	65.22	6 120	3.79
D45-TF-5	38.10	2.38	60	12.40	68.37	6 471	3.81
D45-TF-6	38.09	2.41	55	11.37	61.93	157 811	5.20
D45-TF-7	38.10	2.46	55	11.37	60.66	199 846	5.30
D45-TF-8	38.14	2.50	55	11.37	59.62	149 112	5.17
D45-TF-9	38.15	2.49	55	11.37	59.85	254 984	5.41

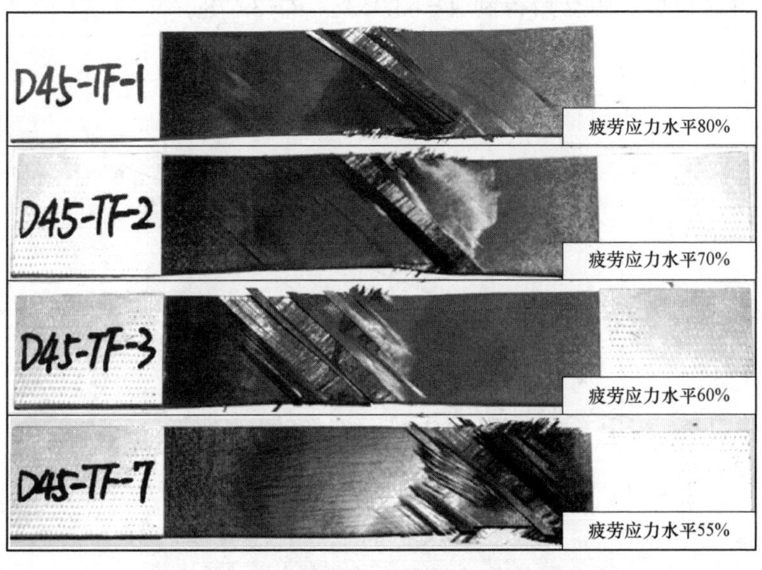

图 2-35　$[\pm45]_8$ 层合板拉伸疲劳试验断裂形貌

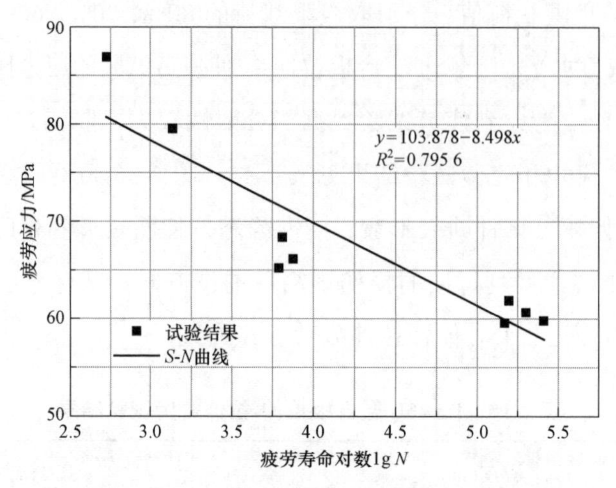

图 2-36 $[\pm 45]_8$ 层合板拉伸疲劳 S-N 曲线

2.7.3 $[\pm 45]_8$ 偏轴拉伸疲劳等寿命模型

Shokrieh[80]认为对于剪切疲劳载荷，式（2-10）必须做出修正。考虑到正剪切和负剪切之间没有区别这一点，式（2-10）中的参数 c 应该等于 1。$[\pm 45]_8$ 偏轴拉伸等寿命模型中 $f=1.06$。图 2-37 为$[\pm 45]_8$ 铺层偏轴拉伸疲劳的等寿命模型，拟合后得到 $A=-3.353$， $B=3.678$。

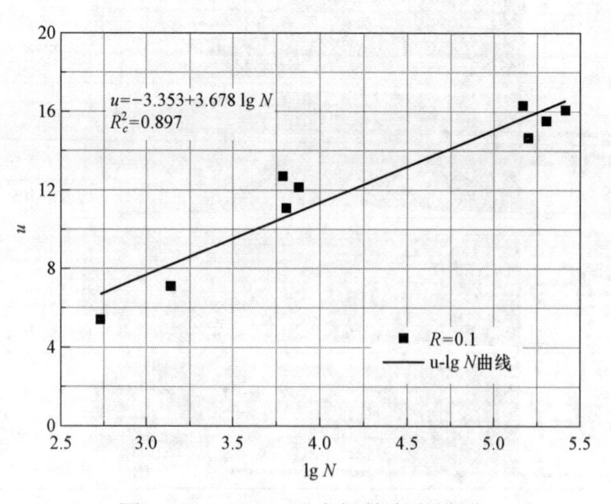

图 2-37 $[\pm 45]_8$ 层合板等寿命模型

2.7.4　$[\pm 45]_8$偏轴拉伸疲劳性能退化试验

2.7.4.1　$[\pm 45]_8$偏轴拉伸疲劳刚度退化试验

使用退化模型（2-4）来表征 $[\pm 45]_8$ 偏轴拉伸疲劳刚度退化行为，可通过试验数据确定其中的模型参数 A 和 B。将所有疲劳应力载荷下的疲劳刚度数据统一进行拟合，可以得到 $A = 0.033\,2$ 、 $B = 0.025\,6$ 。$[\pm 45]_8$ 偏轴拉伸疲劳刚度退化公式为

$$\frac{E(n)}{E(0)} = \left[1 - \left(\frac{n}{N}\right)^{0.025\,6}\right]^{0.033\,2} \tag{2-15}$$

偏轴拉伸试验刚度数据和刚度退化曲线如图 2-38 所示。可以发现$[\pm 45]_8$偏轴拉伸疲劳衰减程度和趋势不同于 $[0]_{16}$ 和 $[90]_{16}$ 单向板，$[\pm 45]_8$ 试件的刚度衰减程度更大，试件 D45-TF-7 在疲劳寿命 $n/N = 0.5$ 时已经退化到了 $0.8E(0)$。除此之外在不同疲劳应力载荷下，试件刚度衰减的程度也不同。比较试件在不同疲劳载荷水平下的刚度衰减可以发现，随着疲劳载荷水平的降低，刚度疲劳退化程度会更明显。

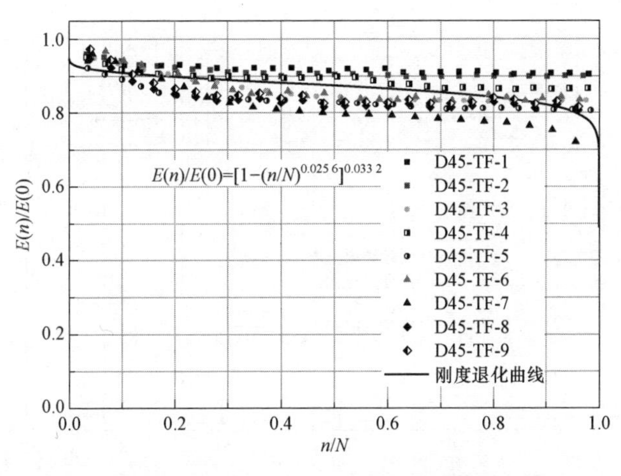

图 2-38　$[\pm 45]_8$层合板拉伸疲劳刚度退化曲线

2.7.4.2 $[\pm45]_8$ 偏轴拉伸疲劳强度退化试验

根据 2.7.2 节中的 $[\pm45]_8$ 偏轴拉伸疲劳 S-N 曲线，选择疲劳次数 $N=2\times10^5$ 对应的应力水平作为剩余强度试验的载荷。对试件分别进行疲劳寿命的 25%、50%、75%次循环加载，再进行准静态的偏轴拉伸试验得到试件的剩余强度。$[\pm45]_8$ 层合板疲劳强度退化结果见表 2-16。

表 2-16 $[\pm45]_8$ 层合板疲劳强度退化结果

试件编号	载荷水平	循环次数 n	剩余强度 X_n/MPa
D45-TF-10	10.73 kN（52%）	5×10^4	115.92
D45-TF-11		1×10^5	107.61
D45-TF-12		1×10^5	113.52
D45-TF-13		1×10^5	110.28
D45-TF-14		1.5×10^5	110.50
D45-TF-15		1.5×10^5	111.46

用剩余强度模型（2-6）对表 2-16 中的数据进行拟合，得到剩余强度的退化曲线如图 2-39 所示，拟合确定的参数为：$\alpha=-0.56$，$\beta=1.01$。$[\pm45]_8$ 偏轴拉伸-拉伸疲劳强度退化公式为

$$S(n)=111.31-0.145\times\frac{\sin(1.01x)}{\cos(1.01x+0.56)} \tag{2-16}$$

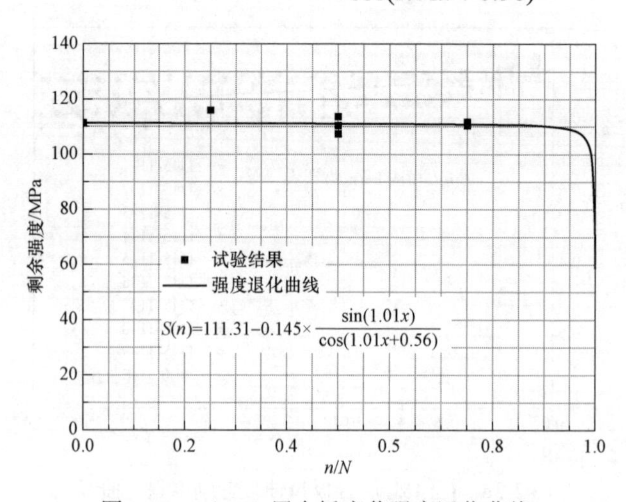

图 2-39 $[\pm45]_8$ 层合板疲劳强度退化曲线

2.8　本章小结

本章分别对铺层形式为 $[0]_{16}$ 和 $[90]_{16}$ 单向板进行准静态拉伸试验、拉伸-拉伸疲劳试验、准静态压缩试验和压缩-压缩疲劳试验，并对 $[\pm 45]_8$ 层合板进行准静态偏轴拉伸和疲劳试验，分析不同铺层单向板的破坏形式。并通过修正文献中的等寿命模型、剩余刚度模型和剩余强度模型，将试验结果进行拟合得到单向板在疲劳载荷下的性能退化，完成积木式设计中试样级疲劳性能参数测定，为后续有限元模拟提供输入参数。

① 由于疲劳试验中试件表面产生疲劳损伤导致应变片失效，因此采用 3D-DIC 技术进行疲劳应变的测量。取归一化 $n/N=0.9$ 时的刚度强度的退化值可知，$[0]_{16}$ 拉伸-拉伸疲劳刚度退化了 6.1%，$[90]_{16}$ 单向板拉伸-拉伸疲劳刚度几乎没有退化，$[0]_{16}$ 单向板压缩-压缩疲劳刚度退化 7.3%，$[90]_{16}$ 单向板压缩-压缩疲劳刚度退化了 11.5%，$[\pm 45]_8$ 偏轴拉伸疲劳刚度退化了 17.8%；$[0]_{16}$ 拉伸-拉伸疲劳强度退化了 9.7%，$[90]_{16}$ 单向板拉伸-拉伸疲劳强度退化了 5.2%，$[0]_{16}$ 单向板压缩-压缩疲劳强度退化 2.9%，$[90]_{16}$ 单向板压缩-压缩疲劳强度退化了 10.6%，$[\pm 45]_8$ 偏轴拉伸疲劳强度几乎没有退化。

② 准静态拉伸和拉伸疲劳过程中试件温度会随着刚度的突然变化而波动。试件在拉伸疲劳载荷下，当刚度稳定下降的过程时，温度会保持在一个稳定的数值。在试件即将破坏的时候，会伴随比较明显的温度上升。当试件完全失效时，温度的最高值达到了 97 ℃，远远高于准静态拉伸破坏时试件的最高温度 41 ℃。

③ $[0]_{16}$ 单向板的准静态拉伸与拉伸疲劳破坏断裂形貌相似，损伤都是沿着 0° 方向产生劈裂。$[0]_{16}$ 单向板的准静态压缩与压缩疲劳破坏断裂形貌不同，准静态压缩破坏会形成一个大约为 71.3° 的破坏角，沿着 0° 方向会产生些许裂纹；而压缩疲劳破坏会产生较多的 0° 裂纹，并且断裂面并没有

呈现明显的角度。$[90]_{16}$ 单向板的准静态和疲劳破坏的角度都是沿着 90° 方向，其中疲劳破坏时出现的 90° 裂纹损伤要略多于准静态试验。$[\pm 45]_{8}$ 偏轴拉伸疲劳的破坏断口和准静态拉伸相比，损伤区域更大、破坏程度更严重。每层的破坏裂纹都是沿着该层的铺设方向产生。

④ 根据本书试验结果修正了 Gathercole 等人针对层合板提出的等寿命模型，给出了 T800 碳纤维环氧树脂典型单向板修正的等寿命模型及关键参数，拟合得到 $[0]_{16}$ 和 $[90]_{16}$ 单向板的等寿命模型中 f 的值分别取 0.595 和 0.023。

第3章 层合板疲劳寿命预报与失效分析

3.1 引 言

在用于复合材料以前，积木式方法就应用于航空航天的结构设计中。然而由于复合材料对面外载荷的敏感性、失效模式的多样性，以及服役环境不同等问题，复合材料结构的基础层级验证环节更为重要，同时还缺乏采用低层级材料性能预测全尺寸结构的分析工具。如果拥有准确的复合材料结构分析手段，采用涵盖面较全的失效准则，就能从组分的性能预测结构的疲劳破坏。本章对 T800 碳纤维环氧树脂层合板进行准静态及疲劳试验研究，并对层合板进行有限元建模，将第 2 章基本疲劳参数作为输入，编写用户自定义子程序，实现层合板在疲劳载荷下的损伤累积分析和寿命预报。

3.2 层合板静态和疲劳拉伸试验

本章研究层合板的铺层顺序为复合材料结构中的典型铺层类型，遵循对称铺设原则，具体的铺层顺序为 $[45/-45/0/90/45/-45/0/90/45/-45/0]_s$，试件编号 CH-1、CH-2 和 CH-3 为准静态拉伸试验，用于确立试件准静态拉伸强度。编号为 CH-4 至 CH-12 的 9 个试验件用于进行拉伸-拉伸疲劳试验，并将试验结果与模拟结果进行对比验证。层合板准静态拉伸及拉伸-拉伸疲劳试验试样的几何尺寸与第 2 章拉伸试验试件相同，但为了方便研究拉伸疲劳损伤区域，层合板进行开孔处理，按照 GJB 2637—1996 中带孔直条试样的几何形状和尺寸进行加工，具体开孔位置和孔径大小如图 3-1 所示。

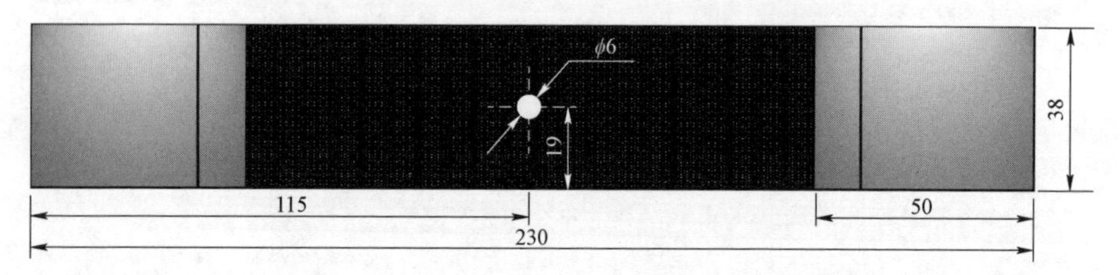

图 3-1　开孔复合材料层合板的拉伸试件尺寸

3.2.1　层合板准静态拉伸试验

层合板准静态拉伸试件的尺寸以及拉伸结果见表 3-1，拉伸强度的平均值为 530.30 MPa。开孔层合板的准静态拉伸试验断裂形貌如图 3-2 所示。可以发现破坏均处于开孔位置，表面 45° 铺层破坏都是沿着铺设方向开裂。CH-2 试件在边缘出现了较大的分层，而 CH-1 和 CH-3 试件的损伤面积相对较小。

表 3-1　层合板准静态拉伸试验结果

试件编号	宽度/mm	厚度/mm	孔径/mm	载荷/kN	拉伸强度/MPa	平均强度/MPa
CH-1	37.88	3.85	6.03	66.10	539.73	530.30
CH-2	37.82	3.80	6.09	63.93	529.21	
CH-3	38.03	3.74	6.10	62.12	521.97	

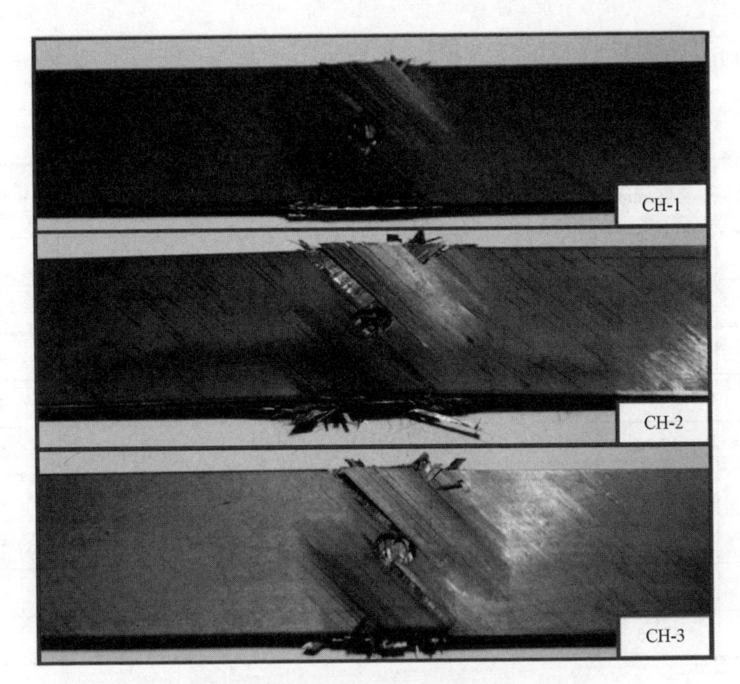

图 3-2　层合板准静态拉伸破坏形貌

3.2.2　层合板拉伸-拉伸疲劳试验

选取最大拉伸强度 530.30 MPa 的 80%、70%和 60%作为疲劳应力水平，依次对层合板 CH-4 至 CH-12 共 9 个试件进行拉伸疲劳试验。试验件尺寸和疲劳寿命结果见表 3-2。疲劳试验循环次数上限为 200 万次，如果循环次数大于 200 万时试件没有破坏则停止试验，并在表格中以符号“+”标出。不同疲劳载荷水平下断裂的试件形貌如图 3-3 所示。可以发现疲劳载荷下试件破坏后的形貌完全不同于准静态拉伸破坏后的形貌，层内损伤和分层损伤面积要远大于准静态拉伸试件。随着疲劳载荷水平的变化，试件损伤形貌也有差异。当疲劳载荷较大的时候，试件层间损伤程度较轻，但是层内破坏较为严重。在 80%疲劳载荷下，表面铺层裂纹沿着 45°贯穿并发生整体脱落现象。而 70%和 60%疲劳载荷下，当试件破坏之后表面铺层依然保持完整。当疲劳载荷较小的时候，试件层间损伤就会更加明显，分层区域扩展到了两端加强片的位置。

表 3-2　层合板拉伸-拉伸疲劳试验数据

试件编号	宽度/mm	厚度/mm	孔径/mm	疲劳强度/MPa	疲劳寿命 N	疲劳寿命对数 $\lg N$
CH-4	38.14	3.85	6.02	424.24（80%）	23 636	4.37
CH-5	38.03	3.66	5.98		8 193	3.91
CH-6	38.02	3.84	6.01		14 097	4.15
CH-7	37.62	3.94	5.99	371.21（70%）	69 074	4.84
CH-8	37.78	3.84	6.06		185 884	5.27
CH-9	37.93	3.85	6.05		121 988	5.09
CH-10	37.95	3.69	6.03	318.18（60%）	741 505	5.87
CH-11	37.98	3.82	6.06		1 252 100	6.10
CH-12	37.76	3.91	5.97		200W+	–

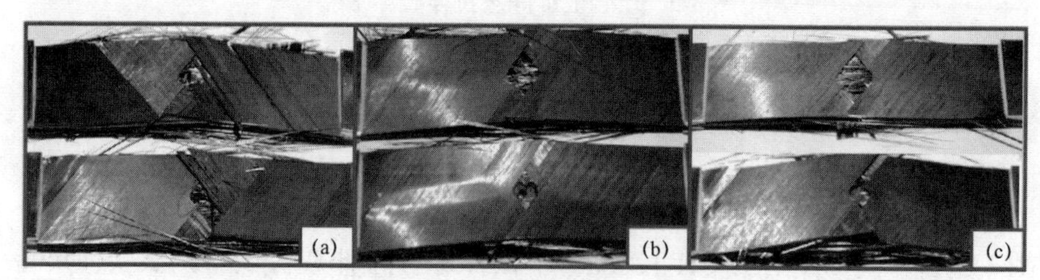

图 3-3　层合板在不同疲劳载荷水平下的破坏形貌

（a）80%疲劳应力水平；（b）70%疲劳应力水平；（c）60%疲劳应力水平

3.3　层合板疲劳分析

3.3.1　层合板疲劳失效模式及破坏准则

本书参考 Tserpes[129]所使用的疲劳失效准则，三维 Hashin 准则[82]用于判断如下四个失效模式：基体拉伸失效、基体压缩失效、纤维压缩失效和纤维基体剪切失效；使用最大应力准则判断纤维拉伸失效；对于层间的拉伸和压缩损伤使用 Ye 分层准则。[84]该失效准则具体形式如下所示：

① 纤维拉伸损伤，即 $\sigma_{xx}>0$ 时，疲劳准则为

$$\frac{\sigma_{xx}}{X_{\mathrm{T}}^{\mathrm{F}}}\geqslant 1 \tag{3-1}$$

② 纤维压缩损伤，即 $\sigma_{xx}<0$ 时，疲劳准则为

$$\frac{\sigma_{xx}}{X_{\mathrm{C}}^{\mathrm{F}}}\geqslant 1 \tag{3-2}$$

③ 基体拉伸损伤，即 $\sigma_{yy}>0$ 时，疲劳准则为

$$\left(\frac{\sigma_{yy}}{Y_{\mathrm{T}}^{\mathrm{F}}}\right)^2+\left(\frac{\sigma_{xy}}{S_{xy}^{\mathrm{F}}}\right)^2+\left(\frac{\sigma_{yz}}{S_{yz}^{\mathrm{F}}}\right)^2\geqslant 1 \tag{3-3}$$

④ 基体压缩损伤，即 $\sigma_{yy}<0$ 时，疲劳准则为

$$\left(\frac{\sigma_{yy}}{Y_{\mathrm{C}}^{\mathrm{F}}}\right)^2+\left(\frac{\sigma_{xy}}{S_{xy}^{\mathrm{F}}}\right)^2+\left(\frac{\sigma_{yz}}{S_{yz}^{\mathrm{F}}}\right)^2\geqslant 1 \tag{3-4}$$

⑤ 基体纤维剪切损伤，即 $\sigma_{xx}<0$ 时，疲劳准则为

$$\left(\frac{\sigma_{xx}}{X_{\mathrm{C}}^{\mathrm{F}}}\right)^2+\left(\frac{\sigma_{xy}}{S_{xy}^{\mathrm{F}}}\right)^2+\left(\frac{\sigma_{xz}}{S_{xz}^{\mathrm{F}}}\right)^2\geqslant 1 \tag{3-5}$$

⑥ 层间拉伸损伤，即 $\sigma_{zz}>0$ 时，疲劳准则为

$$\left(\frac{\sigma_{zz}}{Z_{\mathrm{T}}^{\mathrm{F}}}\right)^2+\left(\frac{\sigma_{xz}}{S_{xz}^{\mathrm{F}}}\right)^2+\left(\frac{\sigma_{yz}}{S_{yz}^{\mathrm{F}}}\right)^2\geqslant 1 \tag{3-6}$$

⑦ 层间压缩损伤，即 $\sigma_{zz}<0$ 时，疲劳准则为

$$\left(\frac{\sigma_{zz}}{Z_{\mathrm{C}}^{\mathrm{F}}}\right)^2+\left(\frac{\sigma_{xz}}{S_{xz}^{\mathrm{F}}}\right)^2+\left(\frac{\sigma_{yz}}{S_{yz}^{\mathrm{F}}}\right)^2\geqslant 1 \tag{3-7}$$

在上述方程中，$\sigma_{ij}(i,j=x,y,z)$ 为局部坐标系下的各单元所对应的应力分量。X 轴和 Y 轴分别平行和垂直于纤维方向，而 Z 轴为法向方向。分母中的 X，Y，Z 分别代表在疲劳载荷下单层板三个主方向的强度，其中下标 T 代表拉伸，下标 C 代表压缩，上标 F 表示疲劳载荷下的强度。而疲劳载

荷下的各方向强度都是受循环次数 n，疲劳应力幅值 σ 以及应力比 R 影响的。S_{ij} 代表层合板各个面内剩余强度，同样也受循环次数 n，疲劳应力幅值 σ 和应力比 R 影响。如果当模型中的任意单元，其应力分量满足上述方程中的某一个，那么该单元就会发生相应模式的损伤。

3.3.2 材料性能突降规则

疲劳载荷的每个循环可以看成静态加载的情形。每一次静态加载时，层合板的单元可能会产生不同的损伤模式，不同的损伤模式会对应着不同的材料属性变化。随着疲劳次数的增加，当模型中单元的应力分量满足破坏准则（3-1）～（3-7）中的任意一项，则认为该单元达到相应的破坏模式，并失去部分承载能力。此时的材料单元属性按照突降规则进行退化。Shokrieh 和 Lessard[80,130]及 Naderi[131,132]提出的复合材料疲劳损伤模型中，在发生不同类型疲劳破坏时，会有特定的刚度、强度折减为 0 从而使单元完全失去承载能力，表 3-3 中列出了具体的衰减规则。在有限元计算中，刚度不能等于 0，因此表 3-3 中突降规则折减后的值取 0.01。

表 3-3　材料疲劳性能突降规则

失效模式	突降规则
纤维拉伸和压缩失效	$[E_{11},E_{22},E_{12},\nu_{12},\nu_{21},\nu_{13},\nu_{31},\nu_{23},\nu_{32}]\to[0,0,0,0,0,0,0,0,0]$ $[X_T,X_C,Y_T,Y_C,S_{12},S_{13},S_{23}]\to[0,0,0,0,0,0,0]$
纤维/基体剪切失效	$[E_{12},\nu_{12}]\to[0,0]$ $[S_{12}]\to[0]$
基体拉伸失效	$[E_{22},\nu_{21},\nu_{23}]\to[0,0,0]$ $[Y_T]\to[0]$
基体压缩失效	$[E_{22},\nu_{21},\nu_{23}]\to[0,0,0]$ $[Y_C]\to[0]$
层间拉伸失效	$[E_{12},\nu_{31},\nu_{32}]\to[0,0,0]$ $[Z_T]\to[0]$
层间压缩失效	$[E_{12},\nu_{31},\nu_{32}]\to[0,0,0]$ $[Z_C]\to[0]$

3.3.3 损伤变量

小节 3.3.1 中失效准则定义的 7 种失效模式可总结为纤维损伤、基体损伤、基纤剪切损伤和层间损伤。基于本书层合板疲劳的失效准则，可以将载荷函数写成如下形式

$$\Phi_1=\begin{cases}\dfrac{\sigma_{xx}}{X_{\mathrm{T}}^{\mathrm{F}}},\sigma_{xx}>0\\[2ex]\dfrac{\sigma_{xx}}{X_{\mathrm{C}}^{\mathrm{F}}},\sigma_{xx}<0\end{cases}\tag{3-8}$$

$$\Phi_2=\begin{cases}\left(\dfrac{\sigma_{yy}}{Y_{\mathrm{T}}^{\mathrm{F}}}\right)^2+\left(\dfrac{\sigma_{xy}}{S_{xy}^{\mathrm{F}}}\right)^2+\left(\dfrac{\sigma_{yz}}{S_{yz}^{\mathrm{F}}}\right)^2,\sigma_{yy}>0\\[2ex]\left(\dfrac{\sigma_{yy}}{Y_{\mathrm{C}}^{\mathrm{F}}}\right)^2+\left(\dfrac{\sigma_{xy}}{S_{xy}^{\mathrm{F}}}\right)^2+\left(\dfrac{\sigma_{yz}}{S_{yz}^{\mathrm{F}}}\right)^2,\sigma_{yy}<0\end{cases}\tag{3-9}$$

$$\Phi_3=\begin{cases}\left(\dfrac{\sigma_{zz}}{Z_{\mathrm{T}}^{\mathrm{F}}}\right)^2+\left(\dfrac{\sigma_{xz}}{S_{xz}^{\mathrm{F}}}\right)^2+\left(\dfrac{\sigma_{yz}}{S_{yz}^{\mathrm{F}}}\right)^2,\sigma_{zz}>0\\[2ex]\left(\dfrac{\sigma_{zz}}{Z_{\mathrm{C}}^{\mathrm{F}}}\right)^2+\left(\dfrac{\sigma_{xz}}{S_{xz}^{\mathrm{F}}}\right)^2+\left(\dfrac{\sigma_{yz}}{S_{yz}^{\mathrm{F}}}\right)^2,\sigma_{zz}<0\end{cases}\tag{3-10}$$

$$\Phi_4=\left(\dfrac{\sigma_{xx}}{X_{\mathrm{C}}^{\mathrm{F}}}\right)^2+\left(\dfrac{\sigma_{xy}}{S_{xy}^{\mathrm{F}}}\right)^2+\left(\dfrac{\sigma_{yz}}{S_{yz}^{\mathrm{F}}}\right)^2,\sigma_{xx}<0\tag{3-11}$$

用 d_1、d_2、d_3 和 d_4 分别代表纤维损伤、基体损伤、层间损伤和基纤剪切损伤，为了将损伤因子 d_i 和载荷函数 Φ_i 进行关联，构建判断函数 $G(x)$ 如下所示：

$$G(x)=\begin{cases}1, x\geqslant 0\\0, x<0\end{cases}\tag{3-12}$$

因此损伤因子 d_i 可以写成如下表达式：

$$d_i=G(\Phi_i-1), i=1,2,3,4\tag{3-13}$$

含损伤因子的本构模型为：

$$\begin{Bmatrix}\varepsilon_{11}\\\varepsilon_{22}\\\varepsilon_{33}\\\varepsilon_{12}\\\varepsilon_{23}\\\varepsilon_{31}\end{Bmatrix}=\begin{bmatrix}\frac{1}{(1-d_1)E_{11}} & -\frac{v_{12}}{E_{11}} & -\frac{v_{13}}{E_{11}} & & & \\ & \frac{1}{(1-d_2)E_{22}} & -\frac{v_{23}}{E_{22}} & & 0 & \\ & & \frac{1}{(1-d_3)E_{33}} & & & \\ & & & \frac{1}{(1-d_4)G_{12}} & & \\ & sym & & & \frac{1}{(1-d_5)G_{23}} & \\ & & & & & \frac{1}{(1-d_6)G_{31}}\end{bmatrix}\begin{Bmatrix}\sigma_{11}\\\sigma_{22}\\\sigma_{33}\\\sigma_{12}\\\sigma_{23}\\\sigma_{31}\end{Bmatrix} \tag{3-14}$$

其中 $d_5=1-(1-d_2)(1-d_3)$，$d_6=1-(1-d_3)(1-d_1)$，由于有限元计算中损伤因子 d 等于 1 时，计算不收敛，因此在发生损伤后取 $0.99d_i$ 进行计算。

3.3.4 疲劳载荷下材料性能退化

第 2 章基本疲劳参数试验中得到各铺层单向板的疲劳性能退化模型和等寿命模型见表 3-4，在数值模拟计算中得到循环加载 n 次时单元的刚度和强度，来表征疲劳工况下材料的渐降规律。在表 3-4 中，$x=n/N$，表示归一化的疲劳寿命。

表 3-4 T800 碳纤维环氧树脂材料性能退化模型和等寿命模型

材料性能	退化模型
$[0]_{16}$ 拉伸-拉伸疲劳刚度退化	$E(n)=E(0)(1-x^{0.018})^{0.010}$
$[0]_{16}$ 压缩-压缩疲劳刚度退化	$E(n)=E(0)(1-x^{8.5\times10^{-4}})^{0.008\,1}$
$[90]_{16}$ 拉伸-拉伸疲劳刚度退化	$E(n)=E(0)$
$[90]_{16}$ 压缩-压缩疲劳刚度退化	$E(n)=E(0)(1-x^{0.003\,5})^{0.015\,4}$
$[\pm45]_8$ 偏轴拉伸疲劳刚度退化	$E(n)=E(0)(1-x^{0.025\,6})^{0.033\,2}$
$[0]_{16}$ 拉伸-拉伸疲劳强度退化	$X(n)=1\,681.5-32.6\times\frac{\sin(0.77x)}{\cos(0.77x+0.75)}$
$[0]_{16}$ 压缩-压缩疲劳强度退化	$X(n)=1\,064.82-197.59x^{17.7}$
$[90]_{16}$ 拉伸-拉伸疲劳强度退化	$X(n)=31.1-1.534\times\frac{\sin(3.12x)}{\cos(3.12x-1.552)}$

续表

材料性能	退化模型
$[90]_{16}$ 压缩-压缩疲劳强度退化	$X(n)=165.52-33.87x^{6.217}$
$[\pm45]_8$ 偏轴拉伸疲劳强度退化	$S(n)=111.31-0.145\times\dfrac{\sin(1.005x)}{\cos(1.005x+0.563)}$
$[0]_{16}$ 单向板等寿命模型	$u=0.747+0.092\lg N$
$[90]_{16}$ 单向板等寿命模型	$u=2.425-0.12\lg N$
$[\pm45]_8$ 单向板等寿命模型	$u=-3.353+3.678\lg N$

3.3.5 单向层合板本构方程

层合板中每层铺设的单向板可视为均质的正交各向异性材料。根据复合材料力学理论[1]，正交各向异性复合材料的本构关系可以表述以下形式

$$\begin{bmatrix}\sigma_1\\ \sigma_2\\ \sigma_3\\ \tau_{23}\\ \tau_{31}\\ \tau_{12}\end{bmatrix}=\begin{bmatrix}C_{11} & C_{12} & C_{13} & 0 & 0 & 0\\ C_{21} & C_{22} & C_{23} & 0 & 0 & 0\\ C_{31} & C_{32} & C_{33} & 0 & 0 & 0\\ 0 & 0 & 0 & C_{44} & 0 & 0\\ 0 & 0 & 0 & 0 & C_{55} & 0\\ 0 & 0 & 0 & 0 & 0 & C_{66}\end{bmatrix}\begin{bmatrix}\varepsilon_1\\ \varepsilon_2\\ \varepsilon_3\\ \gamma_{23}\\ \gamma_{31}\\ \gamma_{12}\end{bmatrix} \tag{3-15}$$

式中的各个刚度系数的表达式如下

$$\begin{cases}C_{11}=\dfrac{1-\nu_{23}\nu_{32}}{E_2E_3\varDelta}\\ \varDelta=\dfrac{1-\nu_{12}\nu_{21}-\nu_{23}\nu_{32}-\nu_{13}\nu_{31}-2\nu_{12}\nu_{23}\nu_{31}}{E_1E_2E_3}\\ C_{12}=\dfrac{\nu_{12}+\nu_{13}\nu_{32}}{E_2E_3\varDelta}=\dfrac{\nu_{21}+\nu_{23}\nu_{31}}{E_1E_3\varDelta}\\ C_{13}=\dfrac{\nu_{13}+\nu_{12}\nu_{23}}{E_2E_3\varDelta}=\dfrac{\nu_{31}+\nu_{21}\nu_{32}}{E_1E_2\varDelta}\\ C_{23}=\dfrac{\nu_{23}+\nu_{21}\nu_{13}}{E_1E_3\varDelta}=\dfrac{\nu_{32}+\nu_{12}\nu_{31}}{E_1E_2\varDelta}\\ C_{22}=\dfrac{1-\nu_{13}\nu_{31}}{E_1E_3\varDelta},\ C_{33}=\dfrac{1-\nu_{12}\nu_{21}}{E_1E_2\varDelta}\\ C_{44}=G_{23},C_{55}=G_{31},\ C_{66}=G_{12}\end{cases} \tag{3-16}$$

其中，E_1，E_2 和 E_3 分别是单向板三个主方向上的弹性模量，G_{12}，G_{23} 和 G_{31} 分别为对应平面的剪切弹性模量，v_{ij} 为材料的泊松比并满足以下关系

$$\frac{v_{ij}}{E_j}=\frac{v_{ji}}{E_i}(i,j=1,2,3,\quad i\neq j) \tag{3-17}$$

当复合材料层合板中各个铺层与整体结构的坐标轴方向不一致时，需要对刚度矩阵进行变换。假设坐标轴之间的夹角为θ，为了得到整体坐标系下的刚度矩阵，需要用原来的刚度阵乘以转轴矩阵$[T]$，转轴矩阵具体形式如下所示

$$[T]=\begin{bmatrix} \cos^2\theta & \sin^2\theta & 0 & 0 & 0 & -2\sin\theta\cos\theta \\ \sin^2\theta & \cos^2\theta & 0 & 0 & 0 & 2\cos\theta\sin\theta \\ 0 & 0 & 1 & 0 & 0 & 0 \\ 0 & 0 & 0 & \cos\theta & \sin\theta & 0 \\ 0 & 0 & 0 & -\sin\theta & \cos\theta & 0 \\ \cos\theta & -\cos\theta\sin\theta & 0 & 0 & 0 & \cos^2\theta-\sin^2\theta \end{bmatrix} \tag{3-18}$$

整体坐标轴下新的刚度矩阵可以表示为

$$[C^T]=[T][C][T]^T \tag{3-19}$$

在整个疲劳过程中，材料的承载能力是随着时间变化并呈现衰减趋势的。因此在分析疲劳问题时，需要不断地将刚度矩阵中的系数更新为疲劳退化后的刚度系数。将 3.3.3 节中已知的材料性能退化规律代入刚度矩阵中，得到不同疲劳载荷、不同循环次数以及不同应力比下的刚度系数，将 $[C]$ 变换为退化的刚度矩阵 $[C^f]$，具体形式为

$$[C^f]=\begin{bmatrix} C_{11}^f & C_{12}^f & C_{13}^f & 0 & 0 & 0 \\ C_{21}^f & C_{22}^f & C_{23}^f & 0 & 0 & 0 \\ C_{31}^f & C_{32}^f & C_{33}^f & 0 & 0 & 0 \\ 0 & 0 & 0 & C_{44}^f & 0 & 0 \\ 0 & 0 & 0 & 0 & C_{55}^f & 0 \\ 0 & 0 & 0 & 0 & 0 & C_{66}^f \end{bmatrix} \tag{3-20}$$

3.3.6 层合板疲劳的有限元实现

3.3.6.1 模型参数

本书研究的 T800 碳纤维/环氧树脂复合材料层合板，其单层材料性能见表 3-5。层合板有限元模型的单层厚度设置为 0.17 mm，层数为 22 层，总厚度为 3.74 mm。参考层合板的有效长度尺寸，因此模型的长度为 130 mm，宽度为 38 mm。

表 3-5　T800 碳纤维/环氧树脂材料性能参数

材料性能	符号	参数数值
1 方向拉伸模量	E_{11}	157.7 GPa
2 方向拉伸模量	E_{22}	9.05 GPa
3 方向拉伸模量	E_{33}	9.05 GPa
面内剪切模量	G_{12}	4.69 GPa
面外剪切模量	G_{13}	4.69 GPa
面外剪切模量	G_{23}	3.24 GPa
泊松比	v_{12}	0.3
泊松比	v_{13}	0.36
泊松比	v_{23}	0.36
1 方向拉伸强度	X_T	1 681 MPa
1 方向压缩强度	X_C	1 064 MPa
2 方向拉伸强度	Y_T	31.1 MPa
2 方向压缩强度	Y_C	166 MPa
3 方向拉伸强度	Z_T	31.1 MPa
3 方向压缩强度	Z_C	166 MPa
面内剪切强度	S_{12}	101 MPa
面外剪切强度	S_{13}	101 MPa
面外剪切强度	S_{23}	121 MPa

3.3.6.2 有限元模型

图 3-4 为层合板疲劳寿命预报的有限元模型。按照层合板的尺寸进行三维建模，并采用八节点线性缩减积分单元（C3D8R）类型对有限元模型进行网格划分。通常模拟复合材料层合板一般采用逐层铺设法，试件一共 22 层，则沿着厚度方向的单元数目为 22。每层单元数目为 2 470，因此模型单元总数目为 54 340。由于在疲劳计算中的循环次数较大，不可能对每一次循环载荷下的应力都进行分析。因此，为了节约计算成本，提高计算精度，在计算过程中考虑了如下假设：在实际载荷工况下，疲劳载荷是以正弦波形加载的，而在模拟中认为试件在每一次循环下承受的载荷为恒定值，载荷大小即为最大疲劳载荷。这样应力状态分析只需要考虑疲劳应力最大值时的情况。对有限元模型施加边界条件，在平面 $X=0$ mm 处完全固支，在平面 $X=130$ mm 处施加指定的疲劳应力。

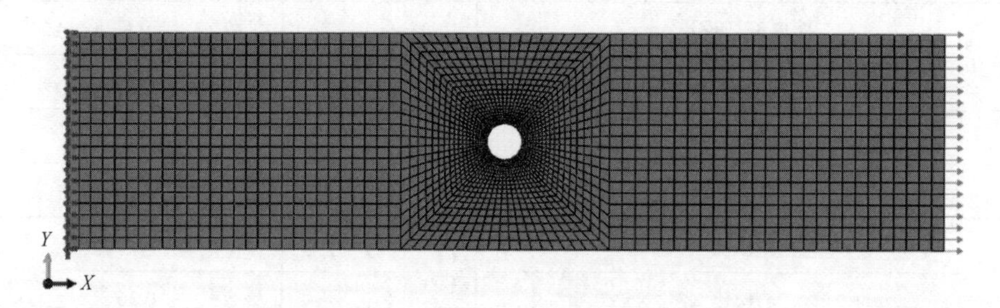

图 3-4　层合板疲劳寿命预报有限元模型

3.3.6.3 疲劳分析

图 3-5 为层合板疲劳寿命预测的程序流程图。通过编写 ABAQUS 的用户自定义子程序 UMAT，来实现复合材料层合板的应力分析、疲劳损伤判断、材料参数的退化模型以及疲劳寿命预测。在对层合板施加静态或动态载荷的过程中，渐进式疲劳损伤建模的两个重要步骤是失效分析和材料性能下降。对于循环载荷小于其最大静强度的层合板，随着循环次数的增加，

层压板的性能会逐渐下降。

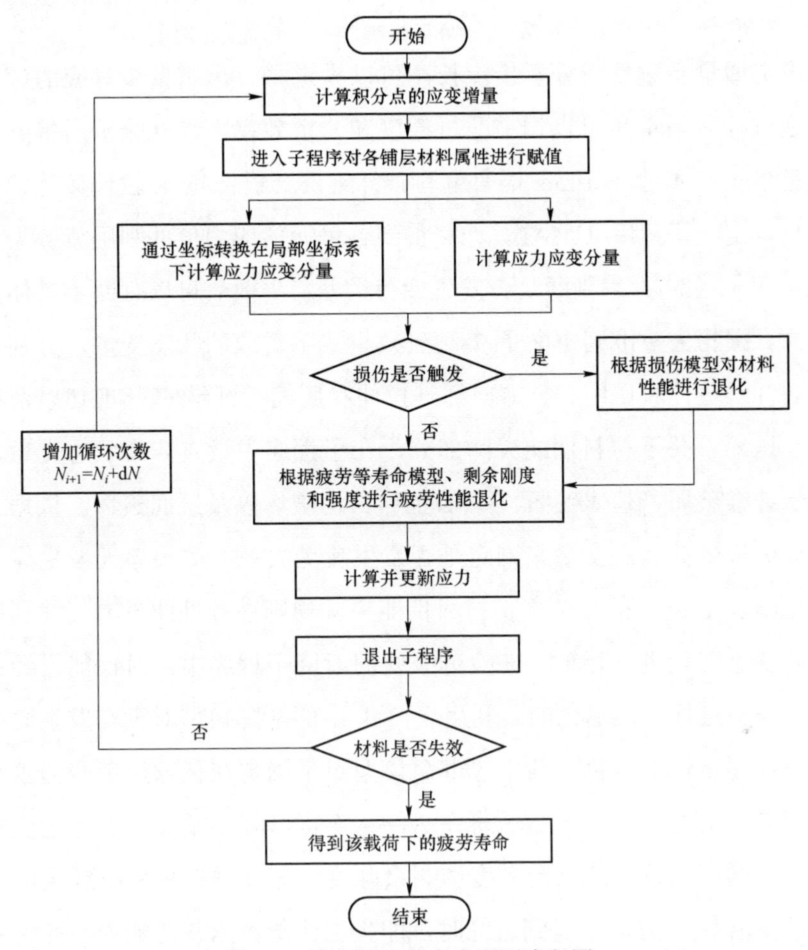

图 3-5　层合板疲劳寿命预测流程图

采用 ABAQUS/Standard 模块中的 Static/General 分析步对 T800 碳纤维环氧树脂层合板进行分析计算。通过增量步的增加来对应模拟疲劳载荷的加载次数。模型设定总的循环次数为 N_{total}，疲劳分析步时长为 T_i，增量步的时长为 Δt_i，由此可以得到

$$C_{NT}=\frac{N_{\text{total}}}{T_i} \tag{3-21}$$

$$T_i=\sum_{i=1}^{I}\Delta t_i(i=1,2,3,\cdots,I) \tag{3-22}$$

其中 I 为最大增量步数。因此可得每个增量步对应的疲劳次数为

$$\Delta N = C_{NT}\Delta t_i \tag{3-23}$$

设定增量步数目或分析步步长，可以设定每一个增量步对应的疲劳次数。通过控制增量步可以调节分析精度和分析效率，综合分析后得到最优的增量步长。通过 Fortran 语言编写碳纤维层合板在拉伸-拉伸疲劳载荷下的用户自定义子程序 UMAT。计算得到各单元的应力值并利用疲劳失效准则（3-1）～（3-7）来判断是否发生疲劳失效，失效后可以判断出具体的失效模式。根据失效准则定义了 7 种失效模式下对应的状态变量，分别表示 X 方向纤维拉伸和压缩、Y 方向纤维拉伸和压缩、纤维/基体剪切以及层间拉伸和压缩。关于材料性能突降部分，在子程序中设置四个状态变量，分别表示纤维破坏、基体破坏、纤维/基体剪切破坏以及层间破坏。依据 7 个记录疲劳失效的状态变量来判定是否发生疲劳失效。如果单元发生疲劳失效，遵循表 3-3 中的疲劳损伤材料性能突降规则进行性能折减，并利用相对应的状态变量进行标记。在疲劳失效的渐降子程序中，对性能已经突降的单元是不进行性能退化的。利用表 3-4 中的渐降模型对没有发生突降的单元进行逐步性能退化。其中等寿命模型用于确定在任意疲劳应力水平及应力比 R 下各主方向上的疲劳寿命 N，从而可以利用循环次数 n 为变量，得到不同循环次数下的剩余刚度和剩余强度。假设层合板所有铺层的纵向纤维损伤沿着 Y 方向扩展到边缘时，即失去了继续承载的能力，此时对应的增量步乘以每一步所对应的循环次数即为疲劳寿命。

3.4 模拟结果及分析

在有限元模型中分别施加 424.24 MPa、371.21 MPa 以及 318.18 MPa 的疲劳应力水平，通过有限元仿真得到层合板在不同疲劳载荷水平下的损伤扩展以及疲劳寿命，并和试验结果进行对比，从而验证此方法的可行性。

3.4.1　疲劳损伤分析

以 424.24 MPa 疲劳载荷为例，分析层合板在模拟加载过程中的损伤扩展。分别对 0°、45°、－45° 和 90° 铺层的纤维损伤、基体损伤以及层间损伤进行分析。比较相同铺设方向铺层在不同位置下的损伤扩展区别，其中红色单元表示发生损伤，蓝色区域为未损伤。损伤因子 d_1、d_2 和 d_3 分别代表纤维损伤、基体损伤和层间损伤。图 3-6 和图 3-7 为 45° 铺层纤维和基体损伤的扩展过程，其中铺层 1、5、9 均沿着 45° 铺设。可以看到纤维和基体损伤起始都是在开孔附近出现的，纤维损伤区域较小并沿着 Y 方向朝边缘扩展。而基体损伤先出现在孔的 45° 方向，然后随着疲劳次数不断增加，基体损伤会向－45° 方向扩展，破坏时损伤面积达到最大。比较不同位置的相同铺层损伤，可以发现第 1 层的损伤略小于第 5 层和第 9 层，但是损伤差别不大，可以认为相同铺设角度的损伤程度相同。

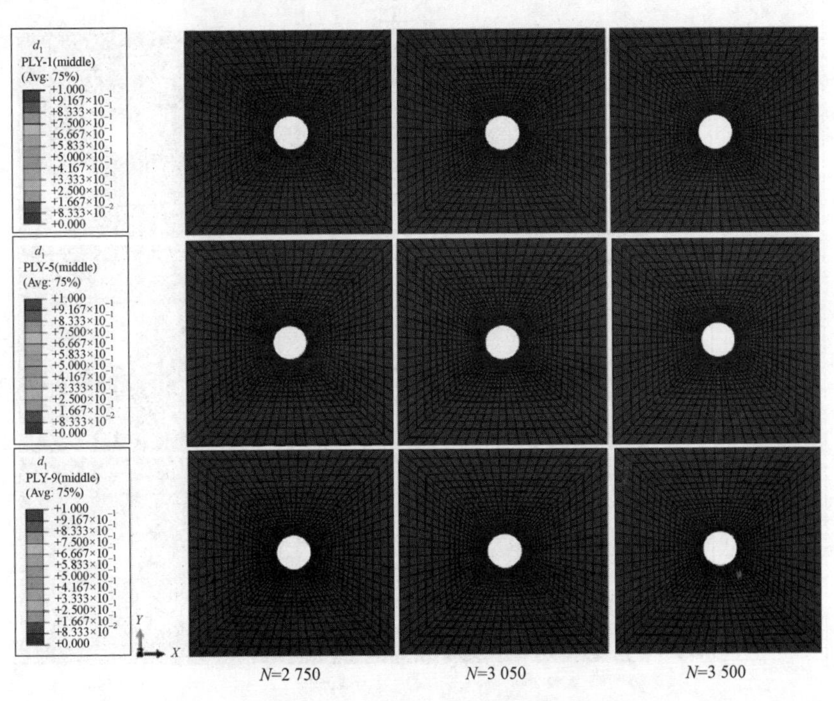

图 3-6　45° 铺层纤维损伤扩展

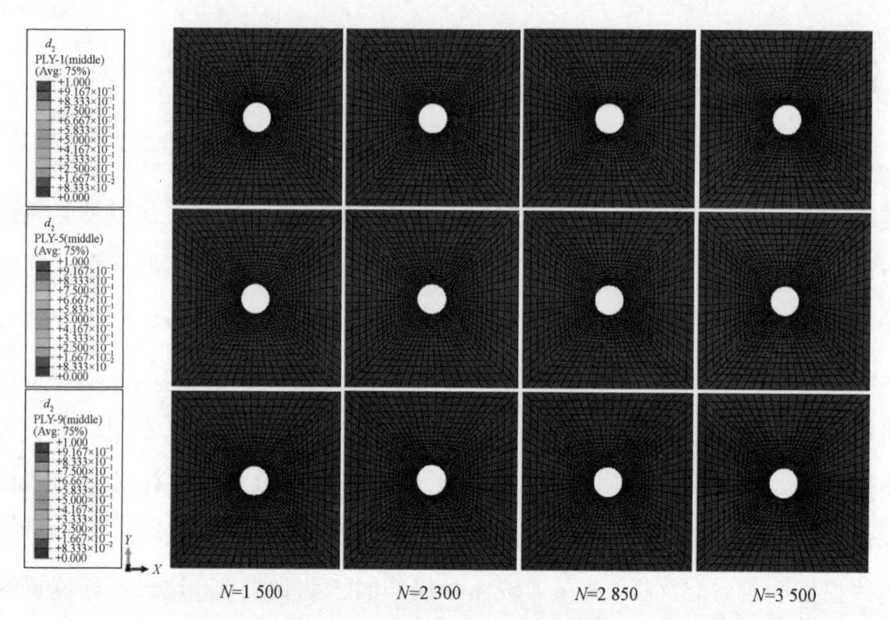

图 3-7　45° 铺层基体损伤扩展

图 3-8 和图 3-9 为 −45° 铺层纤维和基体损伤的扩展过程，其中铺层 2、

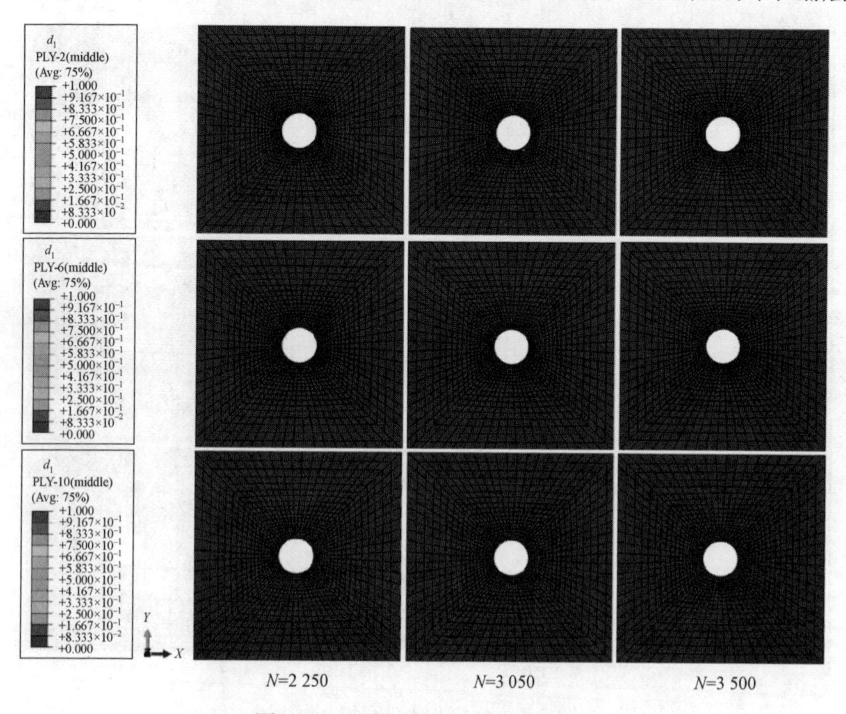

图 3-8　−45° 铺层纤维损伤扩展

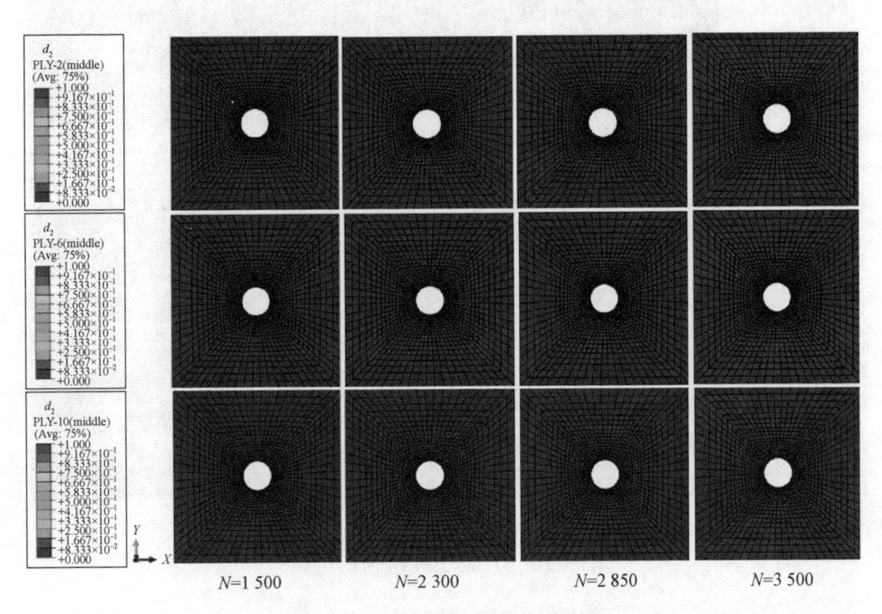

图 3-9　–45° 铺层基体损伤扩展

6、10 均沿着 –45° 铺设。纤维和基体损伤起始同样是在开孔附近出现的，纤维损伤区域较小并沿着 Y 方向向板边缘扩展，并且 –45° 的纤维损伤要略小于 45° 的纤维损伤。基体损伤会向 45° 方向扩展，最终在破坏时损伤面积达到最大。

图 3-10 和图 3-11 为 0° 铺层纤维和基体损伤的扩展过程，其中铺层 3、7、11 均沿着 0° 铺设。纤维和基体损伤起始同样是在开孔附近出现的，纤维损伤沿着 Y 方向向板边缘扩展，当疲劳次数达到 3 500 时，0° 铺层纤维损伤扩展到板的边缘，此时基体还没有完全发生损坏。

图 3-12 为 90° 铺层基体损伤扩展。基体损伤起始出现在开孔附近，并沿着±45° 方向朝着板边缘扩展，当疲劳次数达到 3 500 时，90° 铺层基体损伤扩展到板的边缘。当试件完全失效时，沿着 0° 方向的孔周边区域没有出现基体损伤。这是因为孔周围没有承受 X 方向的载荷。而 90° 铺层没有出现纤维损伤。

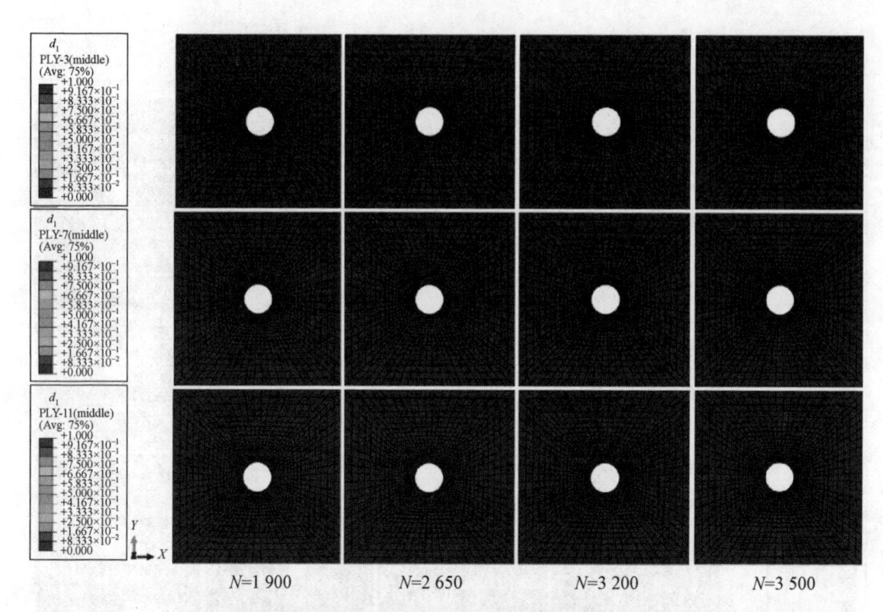

图 3-10　0° 铺层纤维损伤扩展

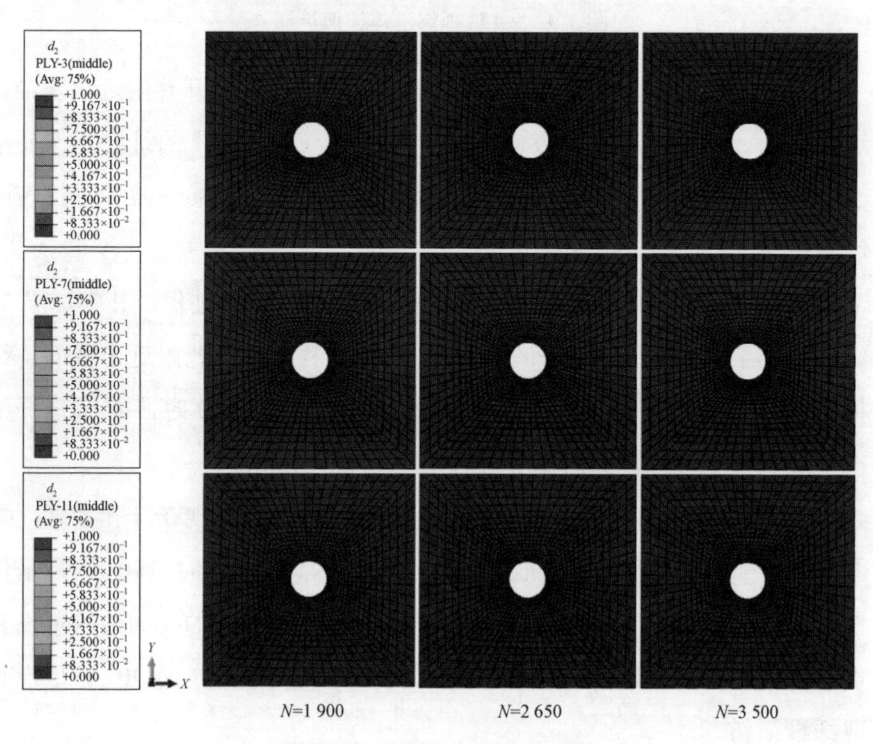

图 3-11　0° 铺层基体损伤扩展

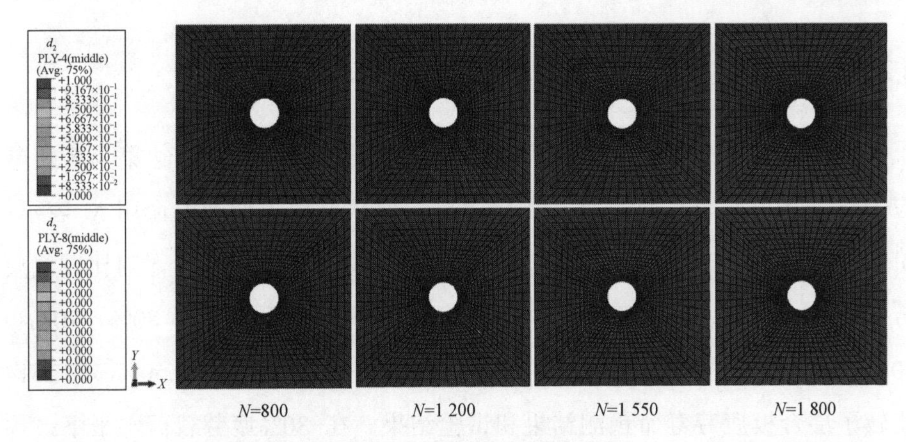

图 3-12　90° 铺层基体损伤扩展

图 3-13 为层合板层间损伤扩展。层间损伤出现在开孔附近并沿着 Y 方向朝着板四周扩展，第 1 层和第 4 层的层间损伤要略大于 11 层的层间损伤，说明分层损伤会优先出现在层合板的表面位置。

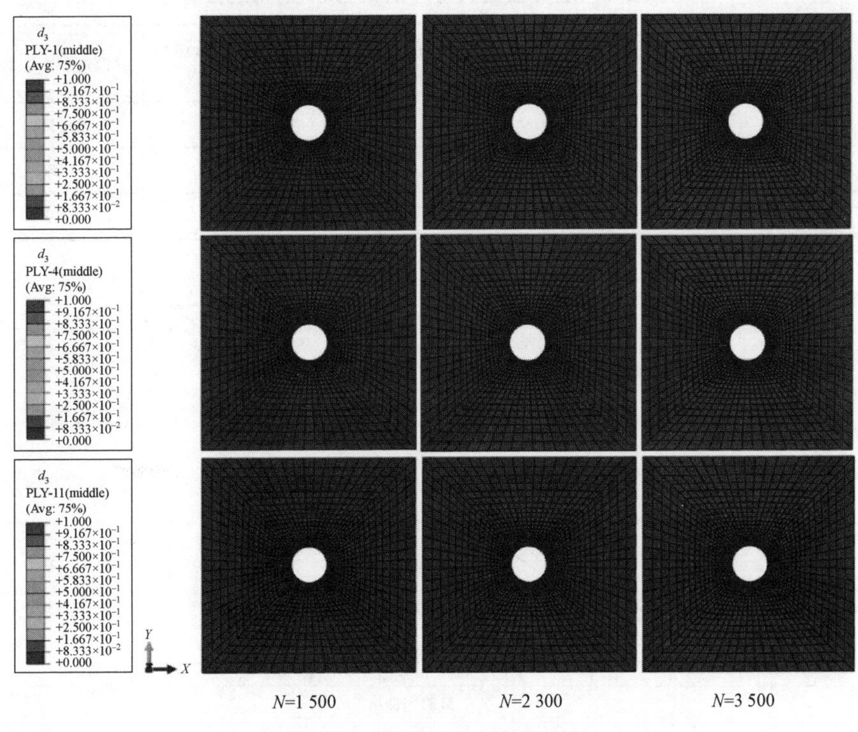

图 3-13　层合板层间损伤扩展

3.4.2 疲劳寿命模拟结果和试验结果对比

表 3-6 中对比了疲劳寿命的试验和模拟结果，试验寿命结果为各疲劳应力载荷水平下的平均寿命，用 N_T 表示；有限元模拟疲劳寿命用 N_S 表示。对试验和模拟疲劳寿命结果取常用对数后比较两者的误差。经过对比发现疲劳载荷越大的时候，两者的误差越大。当疲劳载荷水平分别为 80%、70%和 60%时，模拟和试验结果对数值的误差为 15.31%、7.06%和 2.50%。图 3-14 比较了层合板疲劳寿命预测结果和试验结果。在 80%疲劳载荷水平下，预测结果和试验结果偏差最大，数据点在 5 倍误差带附近；在 70%和 60%的疲劳载荷水平下，结果偏差均在 3 倍误差带以内。说明该有限元方法进行层合板的疲劳寿命预报与失效分析是可行的。

表 3-6 层合板疲劳寿命的试验和模拟结果

疲劳载荷水平/%	疲劳寿命试验结果 N_T	疲劳寿命模拟结果 N_S	疲劳寿命试验结果对数值 $\lg N_T$	疲劳寿命模拟结果对数值 $\lg N_S$	对数值误差/%
80	15 309	3 500	4.18	3.54	15.31
70	125 649	54 500	5.10	4.74	7.06
60	996 803	709 500	6.00	5.85	2.50

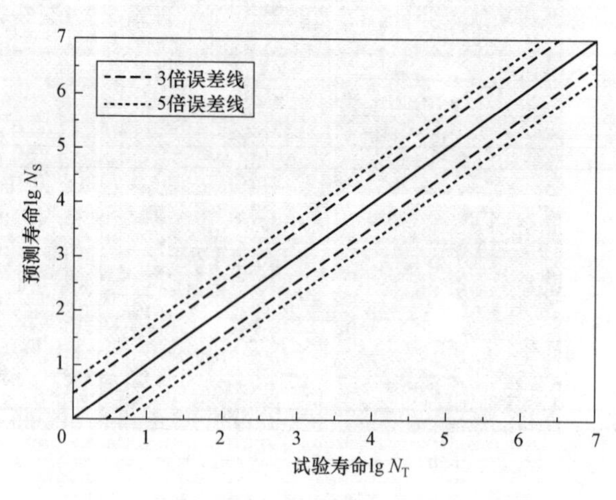

图 3-14 层合板疲劳寿命预测值和试验结果比较

3.5　本章小结

为了验证疲劳渐进损伤模型的有效性，本章通过对 T800 碳纤维层合板进行准静态拉伸试验和拉伸疲劳试验，确定了层合板的极限拉伸强度和不同载荷水平下的疲劳寿命。并利用 ABAQUS 进行拉伸疲劳有限元仿真和疲劳寿命预报，通过比较模拟和试验得到的结果，说明了该方法的可行性。具体结论如下：

（1）对 T800 碳纤维开孔层合板的准静态拉伸和拉伸疲劳性能进行了试验研究

由于孔附近的应力集中效应，含孔的复合材料层合板的破坏都是从孔边开始，然后向着层合板边缘扩展。准静态拉伸试验得到开孔层合板的极限拉伸载荷，并得到 80%、70%和 60%疲劳载荷下的拉伸-拉伸疲劳寿命。疲劳载荷下试件破坏后层内损伤和分层损伤面积要远大于准静态拉伸试件。随着疲劳载荷的减小，试件层间损伤程度会增加，而层内破坏相对较小。

（2）提出了一种适用于 T800 碳纤维复合材料层合板的拉伸疲劳渐进损伤模型

基于三维 Hashin 准则、最大应力准则以及 Ye 分层准则总结得到适用于碳纤维复合材料层合板的疲劳失效准则，并提出疲劳失效模式下的材料性能突降规则。结合修正得到的单向板基础数据，建立了 T800 层合板的疲劳渐进损伤分析模型。

（3）利用 FORTRAN 语言编写的材料子程序 UMAT 和有限元软件 ABAQUS 实现层合板的疲劳寿命预报

通过比较试验结果和模拟结果发现两者具有较好的一致性，说明该方法的适用性良好。比较了模拟结果中相同铺设角度铺层的损伤扩展情况，发现铺设角度相同的单层损伤几乎相同，因此可以忽略铺层位置对单层损伤的影响。

第4章 含预埋分层损伤复合材料的压缩性能研究

4.1 引 言

分层是碳纤维复合材料层合板的主要损伤形式。通常复合材料层间性能较弱，在制造过程中很容易出现初始的层间损伤，冲击载荷也会导致复合材料层合板产生层间损伤。层间性能直接影响着材料抵抗压缩载荷的能力。因此研究含初始分层缺陷的复合材料层合板的压缩性能具有重要的工程意义。

带有缺陷的 CFRP 的压缩失效行为较为复杂，可能存在多种失效模式，例如纤维扭结、纤维基质脱离、分层和屈曲等。在某些情况下，这些失效模式可以同时生成并相互影响。为了研究不同缺陷的压缩强度和破坏方式，对预埋缺陷的压缩性能进行了许多类型的研究。Luo[133]等使用聚四氟乙烯（PTFE）薄膜制备具有分层的玻璃纤维/环氧树脂试件。结果表明聚四氟乙烯薄膜嵌入层合板预埋分层的办法是可行的，并在以后的分层研究中得到了应用。Fu 和 Zhang[134]在试验研究中观察到压缩强度受分层大小的影响很大，而受分布位置的影响较小。Zhao[135]等人进行了不同预埋圆形分层的复合材料层压板的压缩测试，并考虑了层内破坏、层间破坏和屈曲破坏之间的相互作用，建立了全面的渐进损伤模型。Wan[136]等人在准静态、恒定振幅疲劳和变幅疲劳载荷下，对分层 GFRP 和 CFRP 复合材料进行了试验和数值研究。提出了剩余强度模型用于预测初始分层时机织复合材料的剩余强度和疲劳寿命。Riccio[137]等人将数值结果与试验结果进行比较，评估了不同破坏机制对复合材料层合板压缩性能的影响。Aslan[138]等人研究了分层大小对 E-玻璃/环氧树脂复合材料层合板的临界屈曲载荷和压缩破坏载荷的影响。Hosseini-Toudeshky[139]等人发现分层的扩展过程和屈曲模式取决于层压板的分层大小和铺设顺序。Ovesy[140]等研究了具有任意形状预埋分层的对称复合材料层合板压缩后的屈曲行为。Kharghani 和 Soares[141]研究了不同边界条件对预埋贯穿分层层合板的影响。

在本章中，设计并制造了不同类型的预埋圆形和矩形分层的试件，并对其进行压缩试验研究。定量评估预埋分层试件在压缩载荷下的初始损伤和渐进损伤过程。通过比较试验和数值结果分析材料的压缩强度、压缩模量和界面损伤的演变过程，确定压缩行为与预埋分层类型之间的关系。通过模拟结果探寻压缩强度随着预埋分层面积和预埋位置变化的规律。通过试验比较了无预埋分层和预埋分层试件的压缩疲劳寿命。

4.2　含预埋分层准静态压缩试验

4.2.1　试件的制备

含预埋分层的试样是用材料体系为 T800 碳纤维/环氧树脂斜纹编织层压板切割而成。在制造斜纹层合板时，通过在指定的夹层位置添加聚四氟乙烯薄膜（PTFE）来实现嵌入分层，且薄膜形状，大小和分布位置均有不同。铺设顺序为[45/45/0/0/45/45/0/0/0/45/45/0/0/45/45/0/0/45/45/0/0/45]，压缩试件的尺寸为 135 mm × 25 mm × 4.8 mm，铝制加强片的尺寸为 55 mm ×

25 mm × 1.5 mm。预埋分层试件的尺寸和嵌入分层试件的类型如图 4-1 和图 4-2 所示。本书中分别用 Intact、CD 和 RD 表示无预埋分层、圆形预埋分层和矩形预埋分层，来表示复合材料在制造和受到冲击载荷后容易产生的分层类型。

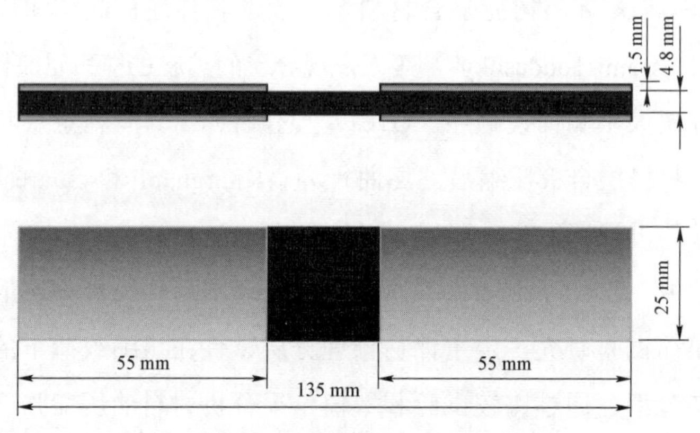

图 4-1　压缩试件尺寸示意图

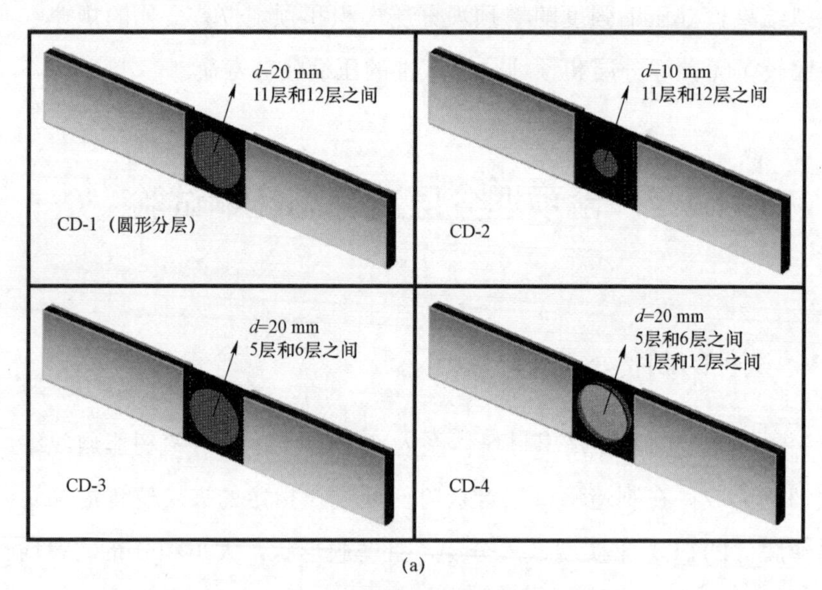

图 4-2　不同预埋分层试件尺寸示意图

（a）圆形预埋分层

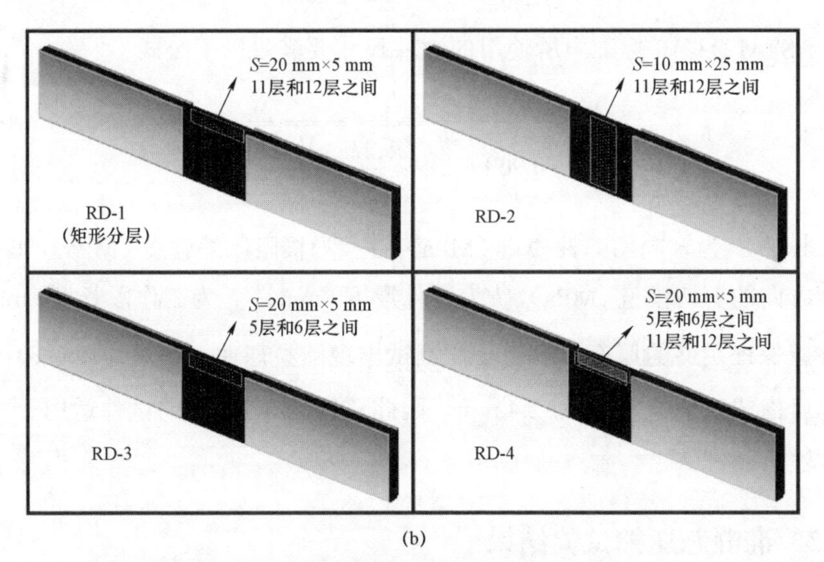

图 4-2　不同预埋分层试件尺寸示意图（续）

（b）矩形预埋分层

4.2.2　准静态压缩试验

此压缩测试方法参考 ASTM D3410[112]测试标准，静态压缩加载设备为 Zwick Roell Z100 试验机。压缩测试夹具放置在测试机压缩平台的中间，位移加载速率为 0.5 mm/min。压缩试验机和夹具如图 4-3 所示。

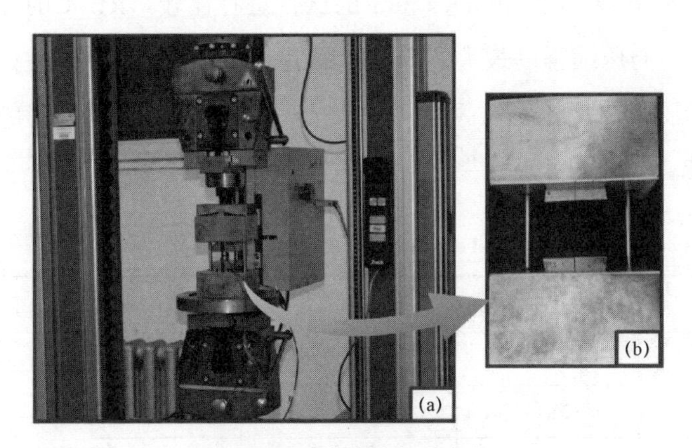

图 4-3　压缩试验机和夹具

（a）Zwick-Roell Z100 试验机；（b）压缩试验夹具

ASTM D3410 标准中所使用的试件尺寸要满足以下公式

$$h \geqslant \frac{l_g}{0.909\,6\sqrt{\left(1-\frac{1.2F^{cu}}{G_{xz}}\right)\left(\frac{E^c}{F^{cu}}\right)}} \tag{4-1}$$

其中 E^c 为轴向的弹性模量（MPa），F^{cu} 为极限压缩强度（MPa），G_{xz} 为厚度方向的剪切模量（MPa），h 为试件厚度（mm），l_g 为工作段长度（mm）。试件应保证足够的厚度，以防止在测试出现欧拉屈曲。满足压缩试验的最小厚度由式（4-1）计算为 2.4 mm，因此厚度为 4.8 mm 的试件适用于本测试方法。

4.2.3 准静态压缩试验结果

表 4-1、表 4-2 和表 4-3 分别列出了无预埋分层、圆形预埋分层和矩形预埋分层试件的尺寸信息和压缩结果。根据结果分析，没有嵌入分层的试件的压缩强度最大，而嵌入圆形分层的试件的压缩强度最小。表 4-2 中 CD-1 和 CD-3 的压缩结果相比可知，当分层范围相等时，分层位置对压缩强度的影响并不明显。CD-4 试件的压缩强度最小，因为嵌入分层的面积最大。在表 4-3 中，由于矩形分层的面积最大，因此 RD-2 试件的压缩强度最小。对矩形预埋分层尺寸为 20 mm × 5 mm 的试件进行比较，RD-4 的压缩强度最小，而 RD-1 的压缩强度最大。图 4-4 显示了 Intact，CD 和 RD 试件的压缩强度的平均值和标准偏差。可以看出，压缩强度随着嵌入分层的总面积的增加而降低。

表 4-1　无损试样的压缩试验结果

试件编号	宽度/mm	厚度/mm	压缩强度/MPa	平均压缩强度/MPa
Intact-1	25.12	4.62	608.2	611.5
Intact-2	25.19	4.53	635.2	
Intact-3	25.12	4.62	591.0	

表 4-2　圆形预埋分层试样的压缩试验结果

试件编号	宽度/mm	厚度/mm	压缩强度/MPa	平均压缩强度/MPa
CD-1-1	25.10	4.62	487.8	466.9
CD-1-2	25.09	4.81	473.3	
CD-1-3	25.06	4.81	439.6	
CD-2-1	25.16	4.74	501.4	488.7
CD-2-2	25.06	4.78	486.9	
CD-2-3	25.06	4.80	477.7	
CD-3-1	25.09	4.79	459.5	465.4
CD-3-2	25.07	4.66	480.7	
CD-3-3	25.13	4.71	456.0	
CD-4-1	25.12	4.78	446.3	433.0
CD-4-2	25.16	4.79	428.1	
CD-4-3	25.13	4.66	424.6	

表 4-3　矩形预埋分层试样的压缩试验结果

试件编号	宽度/mm	厚度/mm	压缩强度/MPa	平均压缩强度/MPa
RD-1-1	25.03	4.76	562.5	569.0
RD-1-2	25.07	4.76	575.4	
RD-1-3	25.10	4.69	569.0	
RD-2-1	25.16	4.71	510.5	494.9
RD-2-2	25.03	4.83	495.1	
RD-2-3	25.15	4.65	479.3	
RD-3-1	25.09	4.74	568.0	554.3
RD-3-2	25.06	4.77	552.1	
RD-3-3	25.11	4.58	542.8	
RD-4-1	25.16	4.74	538.1	539.1
RD-4-2	25.15	4.76	546.2	
RD-4-3	25.07	4.71	533.1	

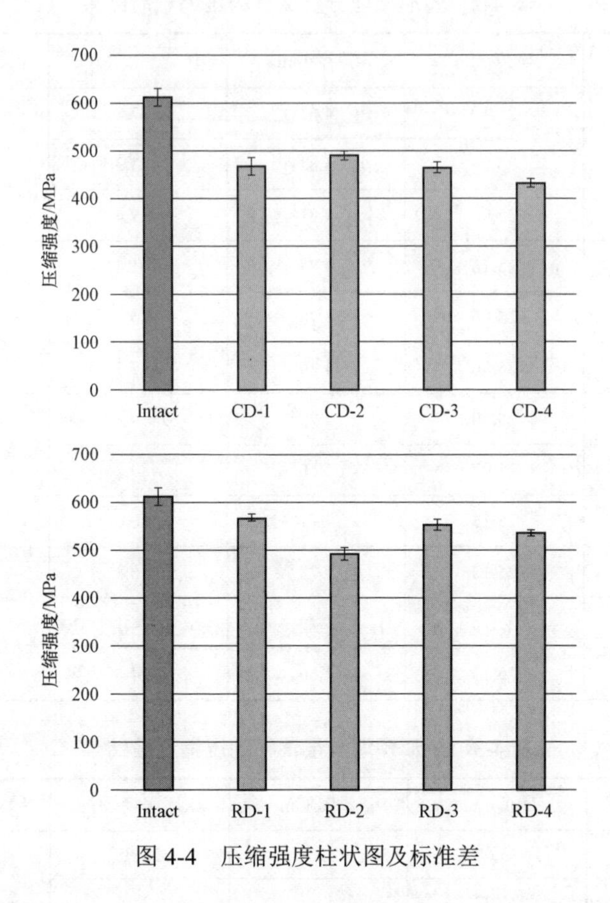

图 4-4　压缩强度柱状图及标准差

图 4-5 和图 4-6 显示了无预埋分层、预埋圆形分层和预埋矩形分层的试样的压力-位移曲线。从图 4-5 中可以看出，预埋圆形分层的试件的压力突然下降后上升，直到试件在压缩载荷作用下断裂为止。当压缩载荷首次突然下降时，试件会发出类似于压断瞬间的断裂声。在压缩过程中，试件 CD-3 和 CD-4 的压力-位移曲线比 CD-1 更早的下降，并且 CD-2 的曲线由于预埋的分层小而没有提前下降。在计算预埋分层试件的压缩模量时，只对应力-应变曲线的线性区域进行拟合。图 4-7 显示了 Intact、CD-1 和 RD-1 的压缩应力-应变曲线。通过曲线拟合获得的压缩模量分别为 45.2 GPa、40.6 GPa 和 42.3 GPa。

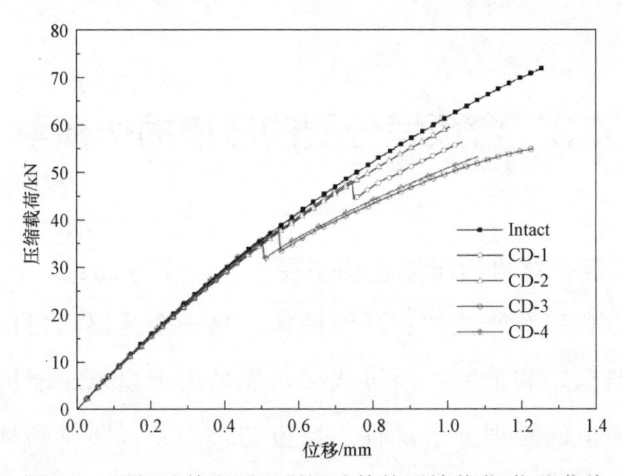

图 4-5　无损试件和圆形预埋试件的压缩载荷-位移曲线

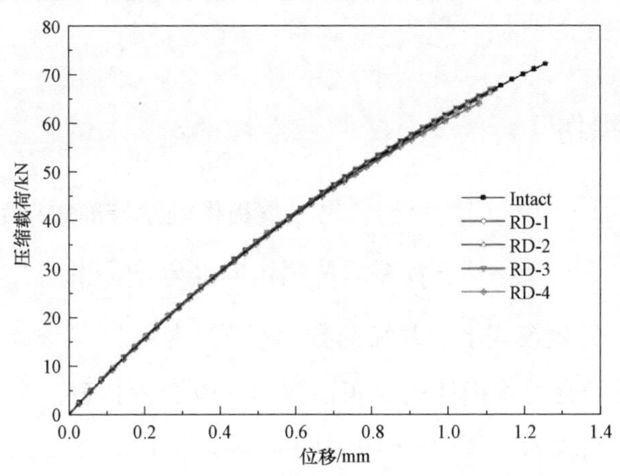

图 4-6　无损试件和矩形预埋试件的压缩载荷-位移曲线

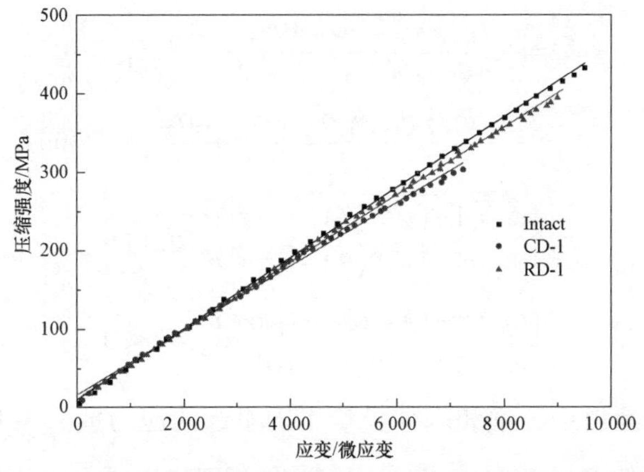

图 4-7　无损、圆形和矩形预埋分层试件的压缩应力-应变曲线

4.3 含预埋分层的压缩损伤模型

预埋分层复合材料的压缩损伤主要包括两个方面。一个是层内损伤，主要包括纤维和基体的拉伸和压缩破坏；另一个是层间损伤，最明显的是分层损伤的起始和扩展。渐进式损伤模型用于模拟压缩损伤的过程，分析了不同类型的预埋分层试件的数值结果，并试图找到预埋损伤与压缩破坏行为之间的关系。纤维增强复合材料的压缩行为由 ABAQUS 软件进行模拟。

4.3.1 层内损伤

为了判断是否发生层内损伤，可以将损伤触发标准表示如下

$$F_N = \phi_N - r_N \leqslant 0, N = \{1t, 1c, 2t, 2c, 3t, 3c\} \tag{4-2}$$

其中 ϕ_N 是不同失效模式下的载荷函数，r_N 是损害阈值。当材料没有损坏时，r_N 值为 1，并且会随着损坏的累积而增加。N 分别代表三个方向上的拉伸和压缩。基于 Puck 准则[87,142,143]和 Zhong 等人[144]的研究，六种不同模式的载荷函数表示如下

$$\phi_{1t} = \frac{\varepsilon_{11}E_{11} + m_{\sigma,\mathrm{f}}\nu_{12}\sigma_{22} + m_{\sigma,\mathrm{f}}\nu_{13}\sigma_{33}}{S_{1t}}, \tilde{\sigma}_{11} \geqslant 0 \tag{4-3}$$

$$\phi_{1c} = -\frac{\varepsilon_{11}E_{11} + m_{\sigma,\mathrm{f}}\nu_{12}\sigma_{22} + m_{\sigma,\mathrm{f}}\nu_{13}\sigma_{33}}{S_{1c}}, \tilde{\sigma}_{11} < 0 \tag{4-4}$$

$$\begin{cases} \phi_{2\mathrm{t}} = 1 + [\phi_{\mathrm{t}}^{\max}(\theta') - 1]\cos^2\theta' \\ \phi_{3\mathrm{t}} = 1 + [\phi_{\mathrm{t}}^{\max}(\theta') - 1]\sin^2\theta' \end{cases}, \tilde{\sigma}_n \geqslant 0 \tag{4-5}$$

$$\begin{cases} \phi_{2\mathrm{c}} = 1 + [\phi_{\mathrm{c}}^{\max}(\theta') - 1]\cos^2\theta' \\ \phi_{3\mathrm{c}} = 1 + [\phi_{\mathrm{c}}^{\max}(\theta') - 1]\sin^2\theta' \end{cases}, \tilde{\sigma}_n < 0 \tag{4-6}$$

其中 $m_{\sigma,\mathrm{f}}$ 是由于纤维和基体模量不同引起的应力放大系数，在碳纤维复合材料的计算中通常取为 1.1。$S_{1\mathrm{t}}$ 和 $S_{1\mathrm{c}}$ 分别代表纵向的抗拉强度和压缩

强度。θ' 是最危险平面的角度，其载荷函数 $\phi_{\mathrm{t}}^{\max}(\theta')$ 和 $\phi_{\mathrm{c}}^{\max}(\theta')$ 分别表示为：

$$\begin{cases} \phi_{\mathrm{t}}^{\max}(\theta') = \max\limits_{\theta\in[0,\pi)}\{\phi_t(\theta)\} \\ \phi_{\mathrm{t}}(\theta) = \sqrt{\left[\tilde{\sigma}_n\left(\dfrac{1}{S_{2\mathrm{t}}^A} - \dfrac{p_{\varphi,t}}{S_{\varphi}^A}\right)\right]^2 + \left(\dfrac{\tilde{\tau}_{nt}}{S_{23}^A}\right)^2 + \left(\dfrac{\tilde{\tau}_{nl}}{S_{21}^A}\right)^2} + \tilde{\sigma}_n \dfrac{p_{\phi,t}}{S_{\varphi}^A} \end{cases} \tag{4-7}$$

$$\begin{cases} \phi_{\mathrm{c}}^{\max}(\theta') = \max\limits_{\theta\in[0,\pi)}\{\phi_{\mathrm{c}}(\theta)\} \\ \phi_{\mathrm{c}}(\theta) = \sqrt{\tilde{\sigma}_n\left(\dfrac{p_{\varphi,\mathrm{c}}}{S_{\varphi}^A}\right)^2 + \left(\dfrac{\tilde{\tau}_{nt}}{S_{23}^A}\right)^2 + \left(\dfrac{\tilde{\tau}_{nt}}{S_{21}^A}\right)^2} + \tilde{\sigma}_n \dfrac{p_{\varphi,\mathrm{c}}}{S_{\varphi}^A} \end{cases} \tag{4-8}$$

在等式（4-7）、式（4-8）中，θ 表示作用面与 3 方向坐标轴之间的角度，如图 4-8 所示。当 $\theta = \theta'$，$\phi_{\mathrm{t}}(\theta)$ 或 $\phi_{\mathrm{c}}(\theta)$ 达到最大值时，相对应的平面是最危险的作用面。$S_{2\mathrm{t}}^A$、S_{φ}^A、S_{23}^A 和 S_{21}^A 是作用面上不同载荷类型相对应的临界应力值，其中 $S_{2\mathrm{t}}^A = S_{2\mathrm{t}}$，$S_{21}^A = S_{21}$，$S_{23}^A = \dfrac{1}{2}S_{2\mathrm{c}} \Big/ (1 + p_{23,\mathrm{c}})$。在上述等式中，$p_{\varphi,t}$、$p_{\varphi,\mathrm{c}}$、$p_{23,t}$ 和 $p_{23,c}$ 是斜率参数，可以由公式（4-9）表示

$$\begin{cases} \dfrac{p_{\varphi,t}}{S_{\varphi}^A} = \dfrac{p_{23,t}}{S_{23}^A}\dfrac{\tilde{\tau}_{nt}^2}{\tilde{\tau}_{nt}^2 + \tilde{\tau}_{nl}^2} + \dfrac{p_{21,t}}{S_{21}^A}\dfrac{\tilde{\tau}_{nt}^2}{\tilde{\tau}_{nt}^2 + \tilde{\tau}_{nl}^2} \\ \dfrac{p_{\varphi,\mathrm{c}}}{S_{\varphi}^A} = \dfrac{p_{23,c}}{S_{23}^A}\dfrac{\tilde{\tau}_{nt}^2}{\tilde{\tau}_{nt}^2 + \tilde{\tau}_{nl}^2} + \dfrac{p_{21,c}}{S_{21}^A}\dfrac{\tilde{\tau}_{nt}^2}{\tilde{\tau}_{nt}^2 + \tilde{\tau}_{nl}^2} \end{cases} \tag{4-9}$$

其中，$p_{21,\mathrm{t}}$ 和 $p_{21,\mathrm{c}}$ 也是斜率参数，其具体值见表 4-4。

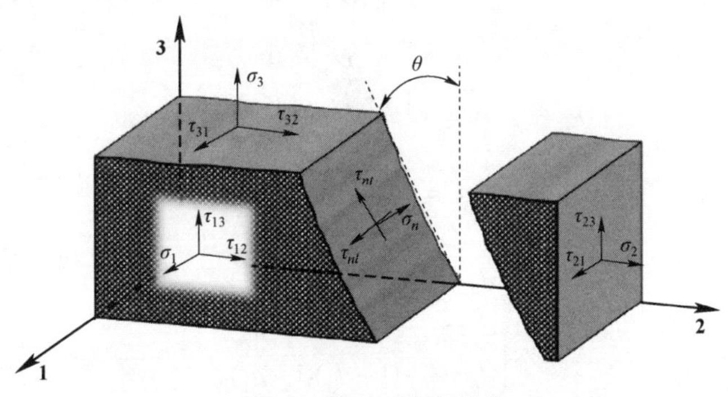

图 4-8　作用面和断裂角

表 4-4　碳纤维/环氧树脂复合材料的倾角参数

$p_{21,t}$	$p_{21,c}$	$p_{23,t}$	$p_{23,c}$
0.35	0.3	0.25～0.3	0.25～0.3

$\tilde{\sigma}_n$、$\tilde{\tau}_{nt}$ 和 $\tilde{\tau}_{nl}$ 是作用面上的有效法向应力和切应力，由公式（4-10）表示

$$\begin{cases}\tilde{\sigma}_n = \tilde{\sigma}_{22}\cos^2\theta + \tilde{\sigma}_{33}\sin^2\theta + 2\tilde{\tau}_{23}\sin\theta\cos\theta \\ \tilde{\tau}_{nt} = (\tilde{\sigma}_{33} - \tilde{\sigma}_{22})\sin\theta\cos\theta + \tilde{\tau}_{23}(\cos^2\theta - \sin^2\theta) \\ \tilde{\tau}_{nl} = \tilde{\tau}_{31}\sin\theta + \tilde{\tau}_{21}\cos\theta\end{cases} \tag{4-10}$$

损伤阈值 r_N 可以表示为

$$r_N = \max\{1, \max(\phi_N^\tau)\}, N = \{1t, 1c, 2t, 2c, 3t, 3c\}, \tau \in [0, T] \tag{4-11}$$

其中 ϕ_N^τ 是随时间变化的载荷函数，T 代表总时间。当 r_N 大于 1 时，会发生材料损坏。在渐进损伤方法中，损伤因子 d_N 用于表征材料性能的下降。损伤变量可以表示为

$$d_N = 1 - \frac{1}{r_N}\exp[A_N(1 - r_N)], N = \{1t, 1c, 2t, 2c, 3t, 3c\} \tag{4-12}$$

其中 A_N 为损伤退化参数。根据公式（4-13）至（4-16）可以得到损伤因子 $d_1 \sim d_6$。复合材料的本构方程由公式（4-17）所示

$$d_1 = \begin{cases} d_{1t}, \sigma_{11} \geqslant 0 \\ d_{1c}, \sigma_{11} < 0 \end{cases} \tag{4-13}$$

$$d_2 = \begin{cases} d_{2t}, \sigma_n \geqslant 0 \\ d_{2c}, \sigma_n < 0 \end{cases} \tag{4-14}$$

$$d_3 = \begin{cases} d_{3t}, \sigma_n \geqslant 0 \\ d_{3c}, \sigma_n < 0 \end{cases} \tag{4-15}$$

$$\begin{cases} d_4 = 1 - (1 - d_1)(1 - d_2) \\ d_5 = 1 - (1 - d_2)(1 - d_3) \\ d_6 = 1 - (1 - d_3)(1 - d_1) \end{cases} \tag{4-16}$$

$$\begin{Bmatrix} \varepsilon_{11} \\ \varepsilon_{22} \\ \varepsilon_{33} \\ \varepsilon_{12} \\ \varepsilon_{23} \\ \varepsilon_{31} \end{Bmatrix} = \begin{bmatrix} \frac{1}{(1-d_1)E_{11}} & -\frac{v_{12}}{E_{11}} & -\frac{v_{13}}{E_{11}} & & & \\ & \frac{1}{(1-d_2)E_{22}} & -\frac{v_{23}}{E_{22}} & & 0 & \\ & & \frac{1}{(1-d_3)E_{33}} & & & \\ & & & \frac{1}{(1-d_4)G_{12}} & & \\ & sym. & & & \frac{1}{(1-d_5)G_{23}} & \\ & & & & & \frac{1}{(1-d_6)G_{31}} \end{bmatrix} \begin{Bmatrix} \sigma_{11} \\ \sigma_{22} \\ \sigma_{33} \\ \sigma_{12} \\ \sigma_{23} \\ \sigma_{31} \end{Bmatrix} \tag{4-17}$$

4.3.2 层间损伤

在本书模拟中，使用内聚力接触法来模拟预埋分层复合材料的分层行为。通过定义不同的接触参数以表示是否有预埋分层。内聚力接触法包括两部分：损伤失效准则和损伤演化。复合材料层合板相邻层间可视为基体材料。在分层损伤发生之前，可以将层间视为线弹性变化。其中应力包括三个分量：法向牵引力 t_n，切向牵引力 t_s 和 t_t。相对应的位移用 δ_n、δ_s 和 δ_t 表示。应力与位移之间的线性关系可以由公式（4-18）表示

$$\boldsymbol{t} = \begin{Bmatrix} t_n \\ t_s \\ t_t \end{Bmatrix} = \begin{bmatrix} K_n & 0 & 0 \\ 0 & K_s & 0 \\ 0 & 0 & K_t \end{bmatrix} \begin{Bmatrix} \delta_n \\ \delta_s \\ \delta_t \end{Bmatrix} \tag{4-18}$$

其中，K_n 是法向刚度，K_s 和 K_t 是剪切刚度。二次应力准则用于确定是否发生界面损伤，该准则表示为

$$\left\{\frac{\langle t_n \rangle}{t_n^0}\right\}^2 + \left\{\frac{t_s}{t_s^0}\right\}^2 + \left\{\frac{t_t}{t_t^0}\right\}^2 = 1 \tag{4-19}$$

当公式（4-19）的值达到 1 时损伤开始发生。在公式（4-19）中，t_n^0、t_s^0 和 t_t^0 分别是法线方向的极限强度和两个切线方向的极限强度，具体数值见表 4-5。当损伤起始并发生扩展时，力-位移曲线会出现软化行为，直到

最终失效。本书模型选用线性规律来表示软化行为。当两个剪切方向的临界断裂能相同时（即：$G_s^C = G_t^C$），Benzeggagh-Kenane 断裂判据特别有效，可以表示为

$$G_n^C + (G_s^C - G_n^C)\left\{\frac{G_S}{G_T}\right\}^{\eta} = G^C \tag{4-20}$$

其中，$G_S = G_s + G_t$，$G_T = G_n + G_s$，η 是内聚力属性参数，在本书中等于 1.9。G_n、G_s 和 G_t 分别代表力在各自方向上所做的功。G_n^C、G_s^C 和 G_t^C 分别指的是法向、和两个剪切方向上引起破坏所需的临界断裂能，具体数值见表 4-5。

表 4-5　T800 环氧织物的材料参数

材料性能	符号	参数数值
纵向模量	E_{11}	73.6 GPa
横向模量	E_{22}	71.6 GPa
面外模量	E_{33}	7.36 GPa
面内剪切模量	G_{12}	4.64 GPa
泊松比	ν_{12}	0.06
纵向拉伸强度	X_T	983 MPa
纵向压缩强度	X_C	900 MPa
横向拉伸强度	Y_T	980 MPa
横向压缩强度	Y_C	890 MPa
面内剪切强度	S	123 MPa
法向最大名义应力	t_n^0	54 MPa
剪切方向最大名义应力	$t_s^0 = t_t^0$	70 MPa
Ⅰ型断裂韧性	G_n^C	504 J/m^2
Ⅱ型断裂韧性	$G_s^C = G_t^C$	1 566 J/m^2

4.3.3　有限元模型

根据试件的尺寸创建三维模型，模型的几何尺寸为 25 mm × 25 mm × 4.8 mm，并且沿厚度方向有 22 个单元。所有预埋分层模型使用三维八节点

线性缩减积分单元（C3D8R）进行网格划分。为了构造不同尺寸的预埋分层，根据分层的大小对有限元模型进行了划分。通过降低指定相邻层之间的内聚力接触参数，可以实现预埋分层。根据压缩试验的加载方式，将边界条件施加在垂直于 X 轴的两个表面上。在平面 $X=0$ mm 上施加固定约束，在平面 $X=25$ mm 上施加 $U_1=-0.5$ mm 的位移载荷。参考预埋分层的有限元建模研究[145]，在模型的中心线上沿着面外施加了很小的集中力，从而保证在压缩过程中在层之间出现了小的开口。图 4-9 显示了不同预埋分层的有限元模型。

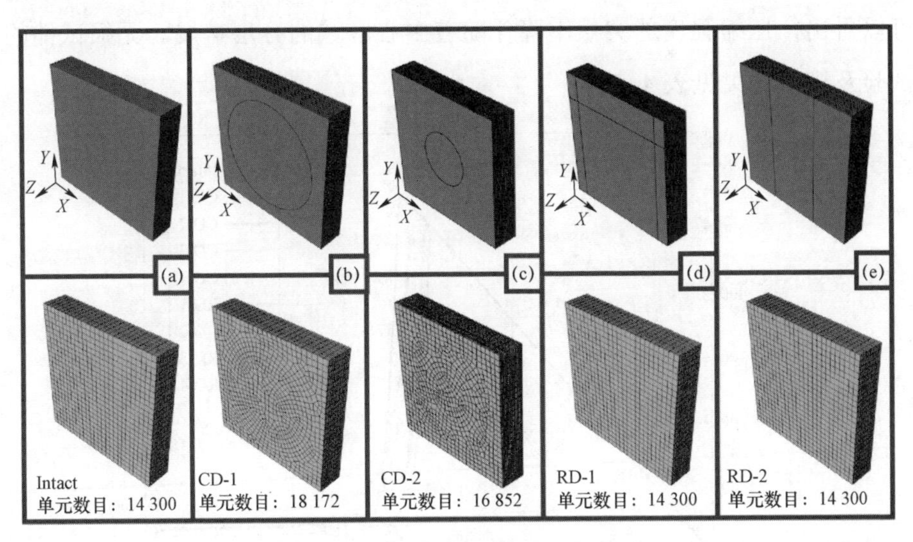

图 4-9　不同预埋分层的有限元模型

4.4　静态模拟结果及讨论

4.4.1　数值结果和试验结果的比较

在本节中，分析了无损试件、四种圆形预埋分层试件和四种矩形预埋分层试件在压缩载荷下的数值结果。从压缩应力-应变曲线、压缩强度以及渐进式损伤扩展的角度比较了试验和数值结果。

通过数值模拟得到的压缩应力-应变曲线如图 4-10 所示。应力结果是通过将平面 $X=25$ mm 上的所有节点的反作用力 RF1 相加并除以表面积获得的，应变是用位移 $U1$ 除以试样的长度所得。通过应力-应变曲线获得不同类型预埋分层试件的压缩模量的模拟结果。从图 4-10 中可以看出，应力-应变曲线的斜率几乎相同，压缩模量的模拟结果为 47.4 GPa，略高于试验值。压缩强度的试验结果为 611.5 MPa，模拟结果为 559.5 MPa。在模拟结果中，还出现了应力突然下降再上升的现象。比较模型在加载过程中变化可以看出，压缩强度的突然下降伴随着中心区域的分层扩展。无损试件的试验及模拟结果见表 4-6。

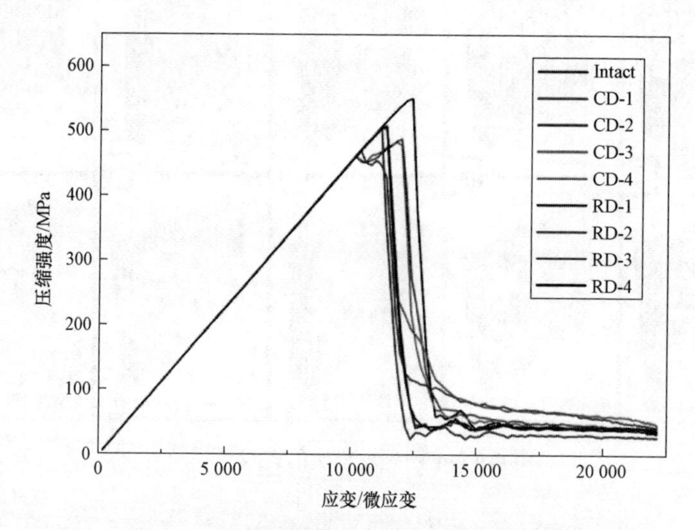

图 4-10 不同预埋分层压缩应力-应变曲线

表 4-6 无损试件的试验结果

	试验结果	模拟结果	误差
压缩模量	45.2 GPa	47.4 GPa	4.9%
压缩强度	611.5 MPa	559.5 MPa	8.5%

预埋分层试件的压缩强度模拟结果见表 4-7，便于直观观察，比较结果如图 4-11 所示。从图 4-11 中可以看出，预埋圆形分层试件的压缩强度数值

结果大于试验结果，而预埋矩形分层试件的数值结果整体小于试验结果。分别比较 CD-1 和 CD-3，RD-1 和 RD-3，可以看出，当相同大小的缺陷嵌入不同位置时，模拟结果没有显著差异。RD-2 预埋分层试件的压缩强度模拟结果最低，因为试件的中心区域在压缩开始时就完全分离了。

以试件 CD-1 的模拟结果为例，分析压缩载荷下的损伤起始和演化。主要研究的损伤变量为：①层内损伤因子②ABAQUS 中的层间损伤表征变量 CSDMG。层内损伤因子是依据公式（4-2）至（4-17）计算得到的，层间损伤表征变量依据公式（4-18）至（4-20）计算得到的。预埋分层试件中的层内损伤变量的累积如图 4-12 所示。在试件压缩失效之前，试件在加载位置存在轻微损伤，这是边界条件的限制和施加的位移载荷引起的。根据模拟结果的应力-应变曲线，载荷在压缩破坏时迅速下降，并伴有明显的分层破坏。同时，损伤因子 d_1 也迅速累积，损伤分布在试件的中间区域。考虑试件的铺层顺序，可以看出损伤因子 d_1 的增长区域都位于 0° 铺层中。由于较高的模量，在压缩过程中 0° 铺层首先被压坏。图 4-12（a）中箭头所示的区域是第 17 层的损伤区域。比较图 4-13（a）和图 4-13（b）中试件失效后形貌，表面的 45° 铺层只发生弯曲而没有断裂，这种现象与模拟结果吻合。图 4-13（c）和图 4-13（d）分别是在光学显微镜下沿 Y 轴和 Z 轴观察到的破坏形态。从图 4-13（c）可以看出试样破坏模式包括纤维扭结、分层、基体开裂和纤维/基体分离，并在 PTFE 膜嵌入的位置发生明显的分层失效。在图 4-13（d）中，纤维束的断裂方向主要沿着 0° 和 45° 的方向，这主要归因于编织方式和相邻层之间的相互作用。

表 4-7　压缩强度数值模拟结果

试件编号	压缩强度/MPa	试件编号	压缩强度/MPa
CD-1	495.2	RD-1	515.1
CD-2	515.3	RD-2	476.9
CD-3	513.5	RD-3	516.3
CD-4	489.9	RD-4	515.2

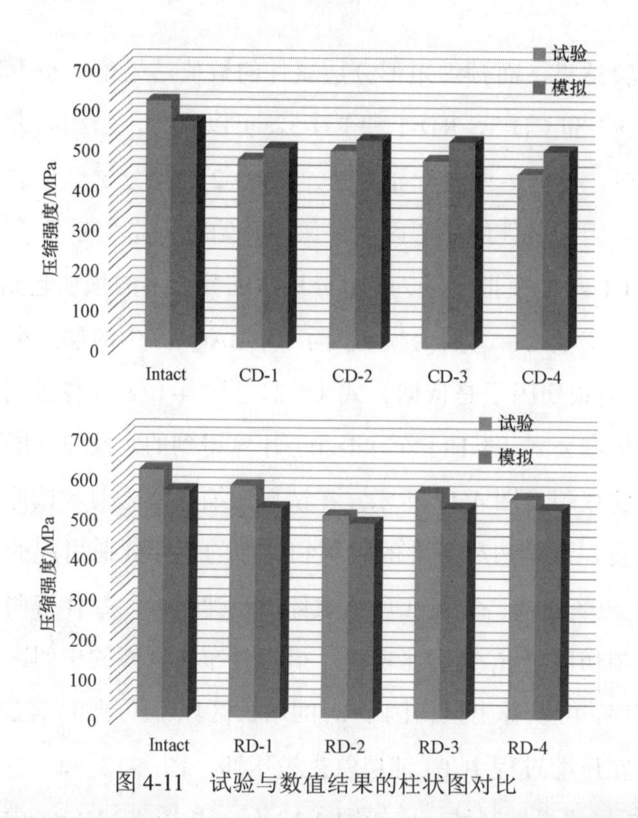

图 4-11　试验与数值结果的柱状图对比

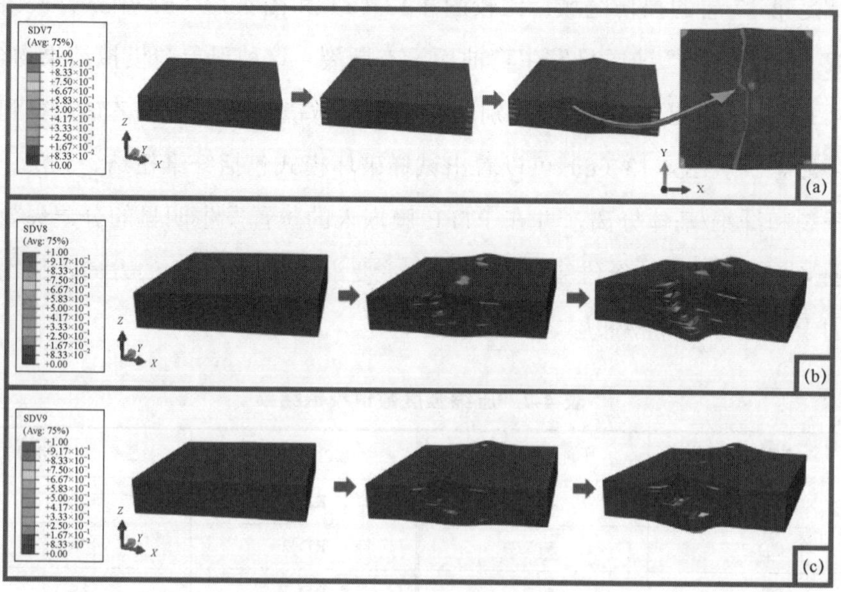

图 4-12　层内损伤变量累积

（a）损伤因子 d_1；（b）损伤因子 d_2；（c）损伤因子 d_3

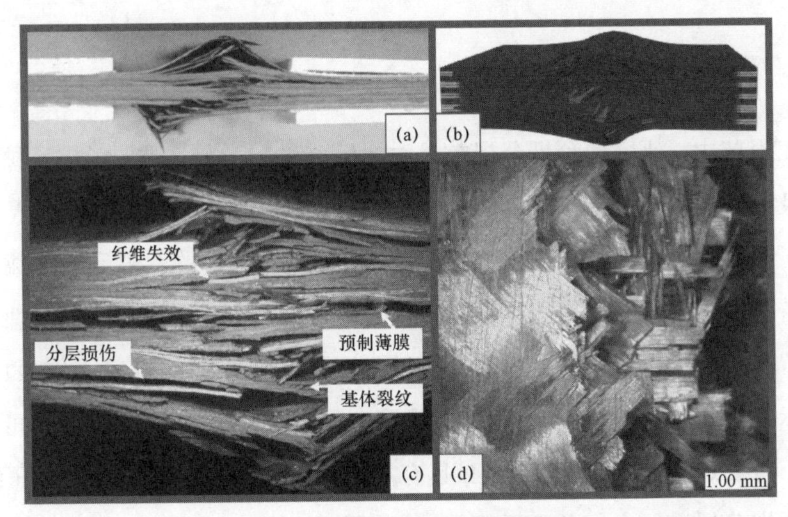

图 4-13　试验和模拟压缩断裂形貌

（a）压缩破坏形貌；（b）压缩破坏结果；（c）*Y* 轴的破坏形态；（d）*Z* 轴的破坏形态

图 4-14 显示了预埋圆形分层试件 CD-1 的层间损伤的演变过程。与其他损坏相比，层间损坏是最先发生的。损伤首先出现在试件的边缘，然后逐渐向圆形分层区域扩展。当达到最大压缩载荷时，分层面积突然增加，并且所有相邻层之间都会出现大面积的分层损坏。图 4-14 分别显示了第 5 层和第 11 层的层间损伤演化过程。

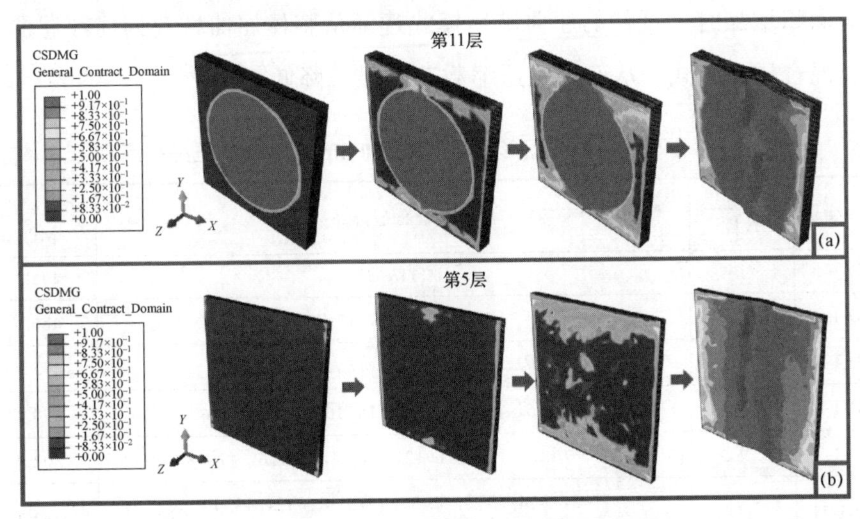

图 4-14　试件 CD-1 层间损伤演化过程

（a）第 11 层层间损伤；（b）第 5 层层间损伤

4.4.2 预埋分层数目的影响

在本节中，研究了预埋分层数目对压缩强度的影响。主要考虑三种不同形状及尺寸的预埋分层试件：CD-1 试件、RD-1 试件和 RD-2 试件。表 4-8、表 4-9 和表 4-10 分别列出了不同预埋分层数目的试件的有限元模拟数值结果。符号“//”表示预埋分层缺陷分布的位置。例如，试件 CD-1 预埋分层的位置在第 11 层和第 12 层之间，可以用符号[11//12]表示；[1//2，6//7，11//12]则表示在第 1 层和第 2 层、第 6 层和第 7 层、第 11 层和第 12 层之间预埋薄膜。其中 CD-1，RD-1 和 RD-2 具有相同的预埋分层的分布位置。压缩强度与预埋分层数目之间的关系如图 4-15 所示。从图 4-15 中可以看出，随着预埋分层数的增加，压缩强度降低。当嵌入的分层数目较少时，压缩强度的降低程度并不明显。当分层数目超过 3 层时，压缩强度明显开始下降。通过比较层间损伤演变的结果可以知道，嵌入的分层数越多，失效后层间损伤的面积就越小。压缩失效的层间损伤对应于不同的嵌入分层数量，如图 4-16 所示。根据 Kharghani[146]等人的研究可知，具有较小预埋分层的厚复合层合板在进行面内压缩时，通常只能观察到整体屈曲模式。当预埋分层的面积增加时，试件的屈曲破坏模式逐渐从整体屈曲转变为局部屈曲模式和混合屈曲模式，从而导致压缩载荷的显著降低。

表 4-8　不同的预埋圆形分层（$R=10$ mm）试件的压缩强度

试件编号	预埋分层数目	预埋分层分布	压缩强度/MPa
CD-1-1	1	[11//12]	495.2
CD-1-3	3	[5//6，11//12，17//18]	486.1
CD-1-5	5	[1//2，6//7，11//12，16//17，21//22]	485.9
CD-1-7	7	[1//2，4//5，7//8，11//12，15//16，18//19，21//22]	390.3
CD-1-9	9	[3//4，5//6，7//8，9//10，11//12，13//14，15//16，17//18，19//20]	302.9
CD-1-11	11	[1//2，3//4，5//6，7//8，9//10，11//12，13//14，15//16，17//18，19//20，21//22]	267.2

续表

试件编号	预埋分层数目	预埋分层分布	压缩强度/MPa
CD-1-13	13	[2//3，3//4，4//5，6//7，7//8，8//9，11//12，14//15，15//16，16//17，18//19，19//20，20//21]	238.8
CD-1-15	15	[1//2，3//4，4//5，6//7，7//8，9//10，10//11，11//12，12//13，13//14，15//16，16//17，18//19，19//20，21//22]	211.7
CD-1-17	17	[1//2，2//3，3//4，4//5，6//7，7//8，9//10，10//11，11//12，12//13，13//14，15//16，16//17，18//19，19//20，20//21，21//22]	188.5
CD-1-19	19	[1//2，2//3，3//4，4//5，5//6，7//8，8//9，9//10，10//11，11//12，12//13，13//14，14//15，15//16，17//18，18//19，19//20，20//21，21//22]	175.9
CD-1-21	21	[1//2，2//3，3//4，4//5，5//6，6//7，7//8，8//9，9//10，10//11，11//12，12//13，13//14，14//15，15//16，16//17，17//18，18//19，19//20，20//21，21//22]	154.6

表 4-9　不同的预埋矩形分层（20 mm × 5 mm）试件的压缩强度

试件编号	预埋分层数目	压缩强度（MPa）
RD-1-1	1	515.1
RD-1-3	3	514.0
RD-1-5	5	509.1
RD-1-7	7	503.1
RD-1-9	9	504.4
RD-1-11	11	466.7
RD-1-13	13	455.2
RD-1-15	15	428.0
RD-1-17	17	431.7
RD-1-19	19	426.7
RD-1-21	21	430.5

表 4-10　不同的预埋矩形分层（10 mm × 25 mm）试件的压缩强度

试件编号	预埋分层数目	压缩强度/MPa
RD-2-1	1	476.9
RD-2-3	3	466.6
RD-2-5	5	467.3
RD-2-7	7	435.9
RD-2-9	9	343.0

续表

试件编号	预埋分层数目	压缩强度/MPa
RD-2-11	11	287.3
RD-2-13	13	190.9
RD-2-15	15	151.0
RD-2-17	17	120.8
RD-2-19	19	100.2
RD-2-21	21	71.7

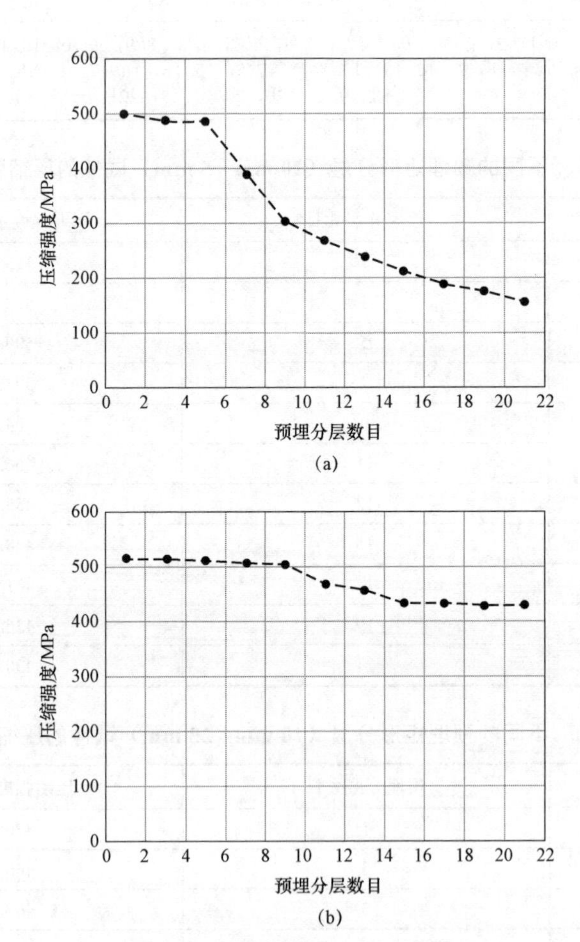

图 4-15　压缩强度与预埋分层数目的关系

(a) CD-1 试件；(b) RD-1 试件

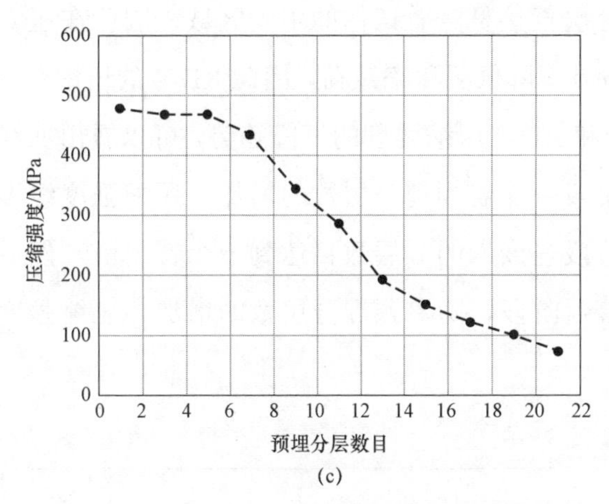

图 4-15　压缩强度与预埋分层数目的关系（续）

（c）RD-2 试件

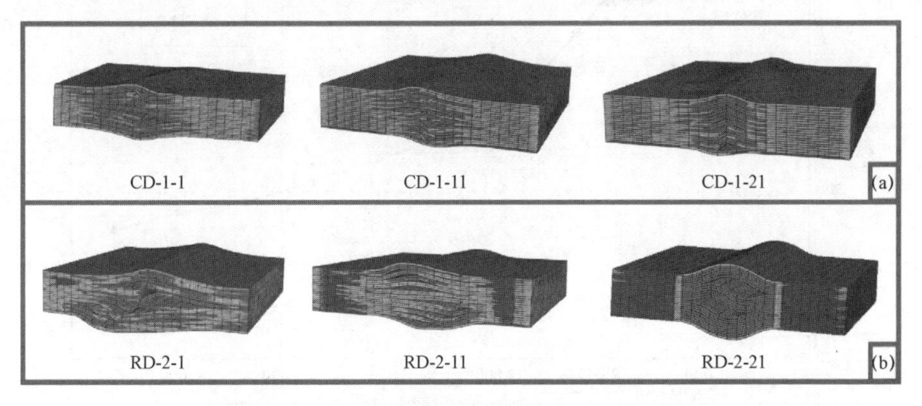

图 4-16　不同预埋分层数压缩破坏的层间损伤

（a）CD-1 预埋分层；（b）RD-2 预埋分层

4.4.3　预埋分层总面积的影响

根据 4.4.2 节结果，如果将预埋分层的面积求和，则可以得出预埋分层的总面积与压缩强度之间的关系，如图 4-17 所示。

可以看出，当预埋分层面积小于 1 200 mm^2 时，三种不同类型试样的压缩强度没有变化。随着预埋分层面积的增加，CD-1 类型的试件的压缩强度要大于 RD-2 类型的试件，而 CD-1 试件压缩强度的下降趋势更为缓慢。

由于矩形预埋分层直接贯穿着试件的中间区域，因此在压缩过程中更容易发生屈曲，从而显著降低了压缩载荷，因此RD-2的压缩强度最低。通过观察CD-1，RD-1和RD-2压缩强度的下降趋势，可以看出曲线明显呈现三个阶段。在第一阶段，随着预埋分层数的增加，压缩强度缓慢降低甚至不发生变化。第二阶段是嵌入的分层数目达到一个特定值，然后压缩强度开始迅速下降。在最后阶段，随着预埋分层数的增加，压缩强度的降低速度开始减缓。

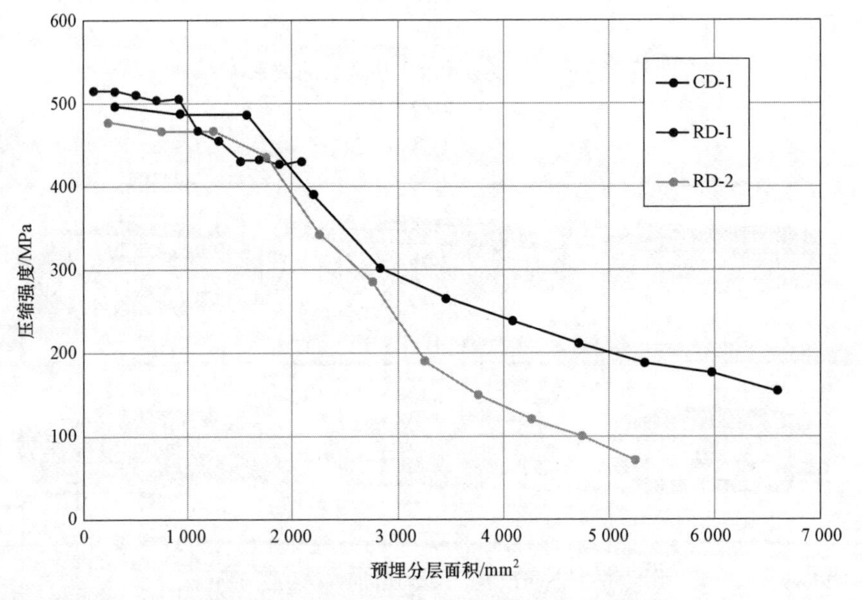

图4-17　压缩强度与预埋分层总面积的关系

4.4.4　预埋分层分布位置的影响

通过比较试验和模拟结果发现，当预埋分层的总面积相同时，分层的初始分布会影响试件发生屈曲的可能性。改变试件RD-2-5预埋分层的位置后，得到五种类型的试件：RD-2-a，RD-2-b，RD-2-c，RD-2-d和RD-2-e。包括RD-2-5在内的六个不同试样的压缩强度的模拟结果见表4-11。将压缩强度按降序排列并绘制在图 4-18 中。从图 4-18 中可以看出，当预埋分层的位置分布越均匀时，压缩强度越大。考察试件 RD-2-a，RD-2-c 和 RD-2-e，这三种试件的预埋分层是在相邻层之间连续分布的。结果表明，当预埋分层铺设较为集中时试件的压缩强度会降低，且分层位于边缘的试件的压缩强度会大于分层位于中部的试件的压缩强度。在这三个试件中，预埋分层位置为 [5//6，6//7，7//8，8//9，9//10] 的试件压缩强度最小。在所有的六个试件中，RD-2-d 的压缩强度最小。可以认为，当试件的预埋分层均匀地分布在铺层的同一侧时，在压缩载荷下最容易发生屈曲。

表 4-11　预埋分层位置和压缩强度

试件编号	预埋分层位置	压缩强度/MPa
RD-2-5	[1//2，6//7，11//12，16//17，21//22]	467.3
RD-2-a	[1//2，2//3，3//4，4//5，5//6]	399.6
RD-2-b	[3//4，7//8，11//12，15//16，19//20]	424.1
RD-2-c	[9//10，10//11，11//12，12//13，13//14]	378.4
RD-2-d	[1//2，3//4，5//6，7//8，9//10]	358.9
RD-2-e	[5//6，6//7，7//8，8//9，9//10]	362.8

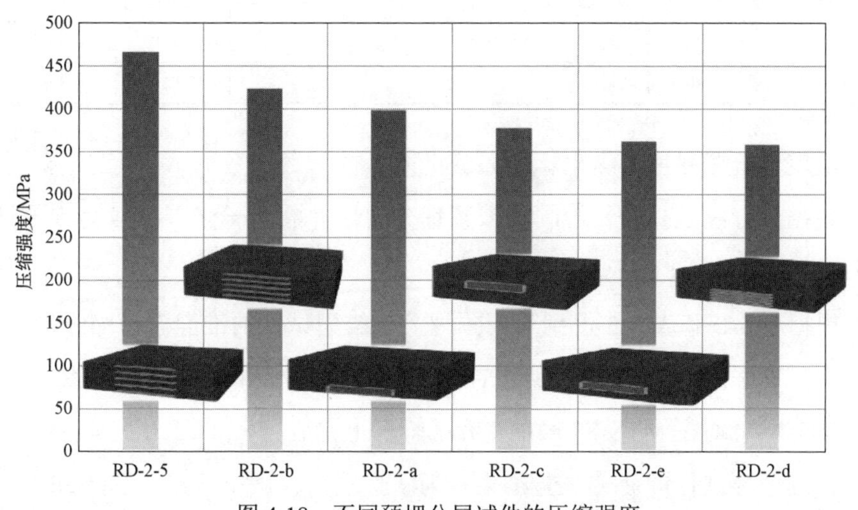

图 4-18　不同预埋分层试件的压缩强度

4.5 无损试件和预埋分层试件的压缩疲劳试验研究

首先对无预埋分层压缩试件进行疲劳试验。通过准静态压缩试验，可以得到无预制分层试件的最大压缩强度为 611.5 MPa，分别取极限压缩强度的 85%、80%、75%（即 519.8 MPa、489.2 MPa 和 458.6 MPa）进行压缩疲劳试验，并记录各自的疲劳寿命。在试验过程中应力比 $R=10$，加载频率为 10 Hz，试验结果见表 4-12。

表 4-12　无预埋分层试件压缩疲劳试验结果

试件编号	宽度/mm	厚度/mm	载荷水平/%	压缩疲劳载荷/MPa	疲劳寿命 N	疲劳寿命对数 $\lg N$
Intact-F1	25.10	4.70	85	519.8	399	2.60
Intact-F2	25.10	4.66			138	2.14
Intact-F3	25.06	4.62			566	2.75
Intact-F4	25.08	4.67	80	489.2	1 493	3.17
Intact-F5	25.02	4.63			5 913	3.77
Intact-F6	25.02	4.60			4 563	3.66
Intact-F7	25.00	4.58	75	458.6	12 805	4.11
Intact-F8	25.00	4.66			11 607	4.06
Intact-F9	25.04	4.59			9 650	3.98

以疲劳压缩强度为纵坐标，以疲劳寿命的常数对数 $\lg N$ 为横坐标，对试验数据进行线性拟合，绘制出未预埋分层试件的归一化压缩强度-疲劳寿命曲线，如图 4-19 所示。

根据表 4-2 和表 4-3 得到不同预埋分层类型试件的准静态压缩强度，取准静态压缩强度的 80%、应力比 $R=10$ 进行预埋分层试件压缩-压缩疲劳试验。疲劳试验均在 MTS-370.10 疲劳试验机上完成。表 4-13 和表 4-14 列出了各预埋分层试件的疲劳试验结果。为了直观比较试验结果，图 4-20 中显

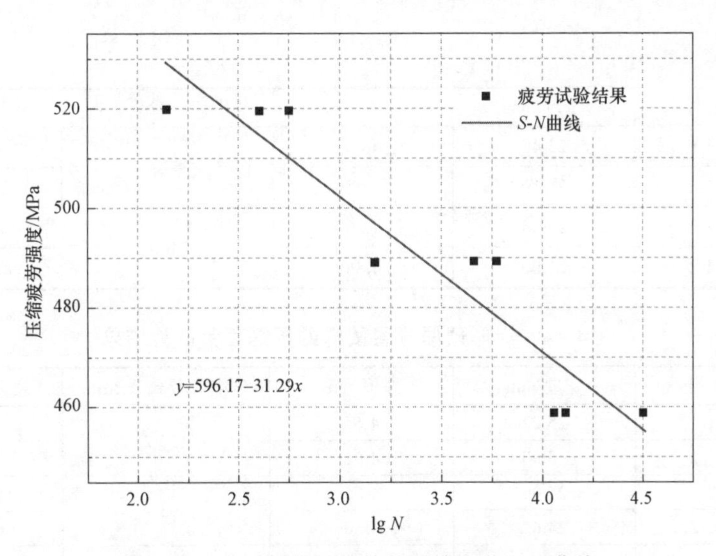

图 4-19　未预制分层试件的压缩疲劳 S-N 曲线

示了不同预埋分层试件的压缩疲劳寿命结果。其中疲劳寿命取循环周次的常数对数并计算平均值，同时在图中给出标准差。为了与未预制分层试件疲劳结果进行比较，在图 4-20 中同时给出了 80%载荷水平下未预制分层试件的疲劳寿命。根据图中数据对比可以看出，在所研究载荷水平下，无预埋分层试件的疲劳寿命反而小于预埋分层试件。这是因为，虽然载荷水平都是准静态压缩强度的 80%，但由表 4-7 和表 4-12 可知，无预埋分层试件的准静态压缩载荷要大于预埋分层试件的压缩载荷。在准静态压缩载荷下，预埋分层的存在会使压缩强度明显降低。而且在压缩疲劳过程中，试件在分层损伤产生之后依然可以进行疲劳加载，以此推断分层损伤不是引起压缩疲劳最终破坏的因素。因此含预埋分层试件由于较低的极限压缩强度从而使得在相同的疲劳载荷水平下拥有更长的疲劳寿命。

表 4-13　圆形预埋分层试样的压缩疲劳试验结果

试件编号	宽度/mm	厚度/mm	压缩疲劳载荷/MPa	疲劳寿命 N
CD-F1-1	24.80	4.70	373.5	23 573
CD-F1-2	25.00	4.70		80 400
CD-F2-1	24.98	4.68	391.0	50 829
CD-F2-2	25.00	4.60		10 244

续表

试件编号	宽度/mm	厚度/mm	压缩疲劳载荷/MPa	疲劳寿命 N
CD-F3-1	25.40	4.60	372.3	4 521
CD-F3-2	25.10	4.70		96 577
CD-F4-1	25.04	4.59	346.4	286 875
CD-F4-2	25.00	4.86		131 019

表 4-14　矩形预埋分层试样的压缩疲劳试验结果

试件编号	宽度/mm	厚度/mm	压缩疲劳载荷/MPa	疲劳寿命 N
RD-F1-1	25.02	4.64	455.2	5 922
RD-F1-2	25.00	4.62		527
RD-F2-1	25.00	4.65	395.9	146 342
RD-F2-2	24.62	4.70		463 941
RD-F3-1	24.60	4.80	443.4	6 342
RD-F3-2	24.76	4.70		23 055
RD-F4-1	24.90	4.76	431.3	57 700
RD-F4-2	24.70	4.80		13 474

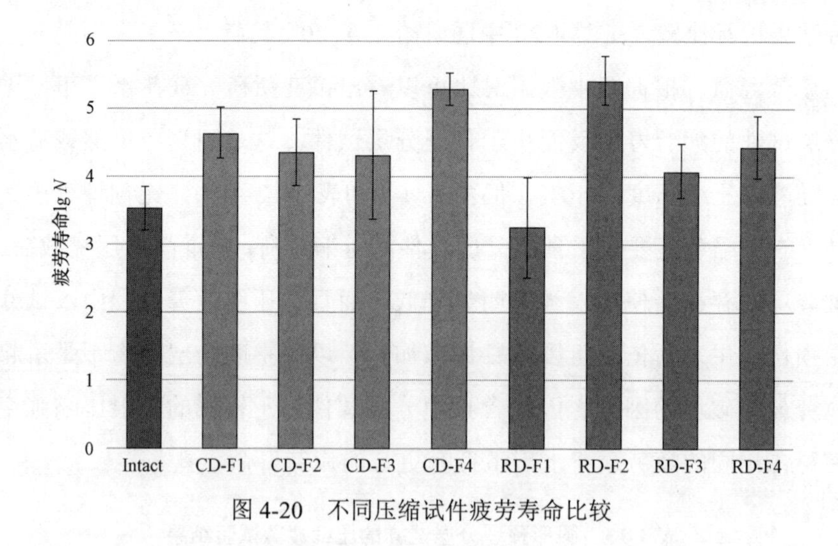

图 4-20　不同压缩试件疲劳寿命比较

根据图中结果可以发现，在 80%最大压缩强度的疲劳应力水平下，RD-1 型预埋分层试件水平下疲劳寿命最小，RD-4 的疲劳寿命最大。圆形预埋分层试件中，CD-4 的疲劳寿命最大，CD-3 的疲劳寿命最小。8 种不同预埋分层试件的疲劳寿命范围在 5×10^2～5×10^5 之间，说明在最大压缩载荷 80%

的疲劳载荷下，寿命是不一致的。和图 4-4 相比可以发现，准静态压缩载荷较大的预埋分层类型，压缩疲劳寿命的反而较小。这是由于准静态强度较高的试件，同样取 80%载荷之后的疲劳载荷也会更大。因此不同类型预埋损伤试件的 *S-N* 曲线需要进行疲劳试验后，根据结果重新拟合确定。

4.6　本章小结

在本章中，研究了具有预埋分层碳纤维复合材料层合板的压缩行为。通过试验和数值结果可以得出以下结论：

① 压缩应力-应变曲线在开始时呈线性增加，而在发生脆性破坏时迅速减小。压缩强度随着预埋分层面积的增加而降低。圆形预埋分层试件的压缩强度小于矩形预埋分层试件的压缩强度。

② 建立了含典型预埋分层的 T800 斜纹织物层合板的压缩渐进损伤模型，该模型可以准确地预测预埋分层复合材料的压缩强度和模量，还可以预测层内和层间损伤的起始和演化。数值模拟得到的压缩断裂形态与实验结果吻合良好。

③ 试样的压缩强度会随着预埋分层数目的增加而降低。当预埋层数较少时，压缩强度的下降趋势不明显。预埋分层的数量不同，界面损伤区域也有所不同。随着分层的数量增加，界面损坏的范围将减小。并且损伤区域将更集中在试件的中间区域。

④ 压缩会随着预埋分层总面积的增加而降低。当总分层面积小于 1 200 mm^2 时，不同类型试件的压缩强度是相近的。预埋分层的位置分布将直接影响试样的压缩强度。当预埋分层沿着厚度方向均匀分布时，压缩强度最大。通过比较五个预埋 PTFE 膜的试件后可知，分层位置为 [1//2，3//4，5//6，7//8，9//10] 的试件的压缩强度最小。揭示了预埋分层层合板的压缩强度随分层面积和位置的变化规律。

⑤ 对比了无预埋分层和含预埋分层试件的压缩疲劳寿命。得到了无预制分层试件归一化压缩疲劳载荷和疲劳寿命的关系。得到 8 种预埋分层试件在最大压缩载荷的 80%作为疲劳载荷，得到含预制分层试件的压缩疲劳寿命。在 80%载荷水平下，无预埋分层试件的疲劳寿命小于预埋分层试件。

第 5 章　碳纤维复合材料工字梁结构疲劳性能研究

5.1　引　言

传统的复合材料结构强度设计中，往往只考虑结构在各种极限工况下的静强度性能，对于结构的疲劳设计，往往采用“静强度覆盖疲劳”的设计理念。自 20 世纪末开始，随着科学技术水平的高速发展，复合材料的结构也越来越复杂，各项性能指标要求也越来越高，因此研究人员引入了可靠性设计思想，在设计过程中采用了耐久性/损伤容限设计原则。复合材料结构的疲劳属于典型的多因素影响问题，需要充分考虑影响结构安全的各种因素的随机性，同时采用合理的概率分布函数或者随机过程描述，并基于概率分析方法建立可靠性模型，对结构的破坏概率进行定量表征，保证结构破坏的概率在其使用期内小于设计要求，从而实现了在设计上对结构安全性和可靠性更为合理的评价。

复合材料飞机结构部件设计通常在较低的疲劳应力水平下服役。根据实验研究，在这些负载条件下，分层损伤是主要的失效机制。虽然分层可能不会立即导致组件发生故障，但它会降低组件的残余特性，这就需要对组件进行及时维修或更换。此外，不同位置及损伤来源的分层损伤可能会累积，最终导致灾难性的故障。由于分层损伤作为评估结构部件残余性能的重要性，需要在结构件的疲劳模拟中考虑层合板的分层损伤。

在本章中，提出了复合材料工字梁结构件的疲劳试验与寿命预报的方法。为了满足试验要求对伺服液压疲劳试验机进行改装，并将可见损伤与应变结果进行比较，分析了损伤发生和传播的原因。通过测试结构部件总结了 DIC 技术在监测疲劳应变方面的优缺点。在结构件的寿命预报中分析疲劳破坏的主要类型，并预测了疲劳寿命以及疲劳损伤的位置。

5.2 结构件疲劳试验设计

本书研究的疲劳结构件为 T800 碳纤维环氧树脂复合材料机翼工字梁，整体尺寸为 1 500 mm × 90 mm × 260 mm。本节详细介绍了结构件的工装方式、疲劳测试前的静强度模拟、疲劳应变检测手段以及加载步骤。

5.2.1 结构件的工装方式

疲劳试验中载荷的位置和方向如图 5-1 所示。为了满足测试要求，对疲劳测试机进行改装。对于常规液压伺服疲劳试验机，力传感器固定在上夹头和试验机横梁之间，下夹头连接作动装置。本次试验将力传感器安装在下夹头和作动装置之间，可以实现载荷控制法进行疲劳试验。在液压伺服疲劳试验机旁安装了一个试验平台，可以使结构件按照所要求的固定方式进行水平固支。在试件的右端和下夹头之间安装了一个金属夹持装置以实现垂直加载，结构的设计图如图 5-2 所示。为了确保疲劳加载过程中不会产生水平应力，夹持装置与试件的接触位置为弧形结构。

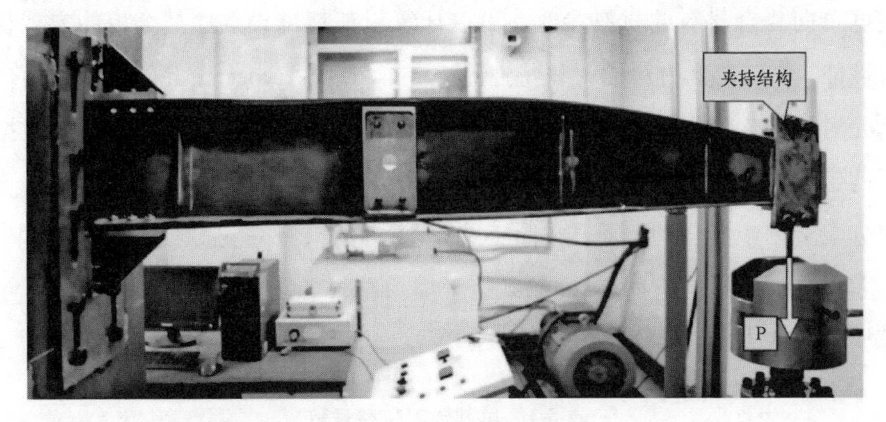

图 5-1　结构件的安装

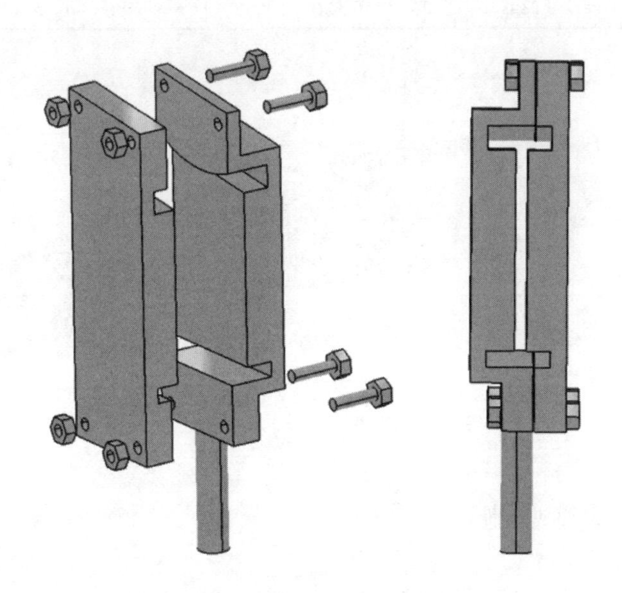

图 5-2　夹持装置结构示意图

5.2.2　结构件应变模拟结果

在疲劳试验之前，通过有限元软件 ABAQUS 模拟准静态载荷下结构件的力学响应，得到结构件的应变分布趋势，从而确定应变监测的主要区域。椽梁和腹板的厚度从左到右逐渐减小，并且不同厚度的铺设顺序是已知的。

根据单向复合材料的材料参数，可以计算出任意铺设顺序层合板的宏观材料性能。单向复合材料的材料特性见表 5-1。使用 Hypermesh 软件用六面体单元对结构件进行网格划分，然后将六面体单元导入 ABAQUS 中，并根据不同铺设顺序将其分为不同的集合。计算不同铺设顺序的材料属性，并将其分配给相应集合的单元。按照工装要求，对结构件的左侧进行位移约束，在右端施加垂直向下的 8 kN 的载荷。模拟结果如图 5-3 所示，该图显示了结构件在 X 方向上的应变分布。

表 5-1　单向板的材料参数

E_{11}	E_{22}	E_{33}	v_{12}	v_{13}	v_{23}	G_{12}	G_{13}	G_{23}
167 GPa	9.28 GPa	9.28 GPa	0.34	0.34	0.45	6.35 GPa	6.35 GPa	4.78 GPa

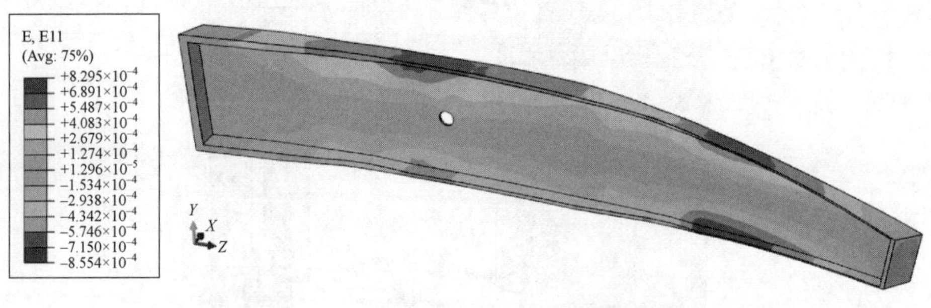

图 5-3　结构件沿着 X 轴方向的应变分布

5.2.3　疲劳应变监测

在力学测试中，应变片被广泛用于测量试件表面的应变。在 8 kN 的载荷下，该试验的最大应变值小于 1×10^3 微应变（微应变为应变ε的百万分之一，可用$\mu\varepsilon$表示，$1\ \mu\varepsilon=10^{-6}\varepsilon$，本书简化成μ），该应变通常不会使应变片失效。根据第 5.2.2 节中的有限元模拟结果，应变片的位置如图 5-4 所示。应变片 S_1 至 S_{16} 粘贴在试件上椽梁的表面；应变片 S_{17} 至 S_{30} 粘贴在下椽梁表面；应变片 S_{31} 至 S_{43} 粘贴在腹板上。

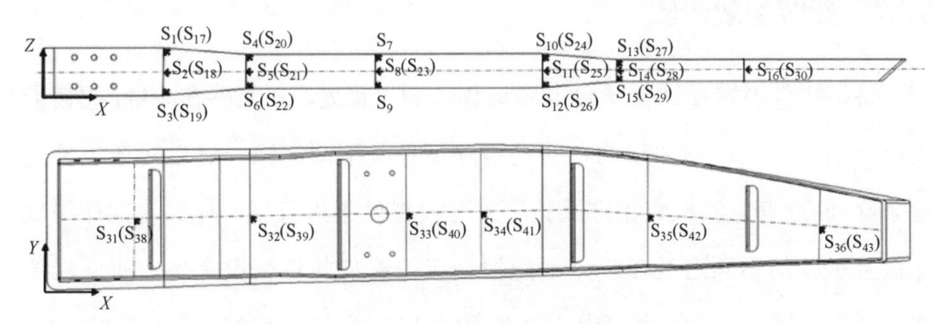

图 5-4　应变片的分布位置

在工程疲劳测试中，应变片有时不是最优的方法。因为结构越复杂就越不便于应变片的粘贴，并且在大变形的测试过程中容易提前失效。因此在结构件疲劳试验中同时采用 DIC 方法监测应变，通过比较两种测试方法的结果来验证可行性。DIC 测试示意图如图 5-5 所示。散斑区域（10 cm × 10 cm）位于腹板的正中区域。将应变片 Q_1 至 Q_8 按照顺时针方向粘贴在散斑区域周围。

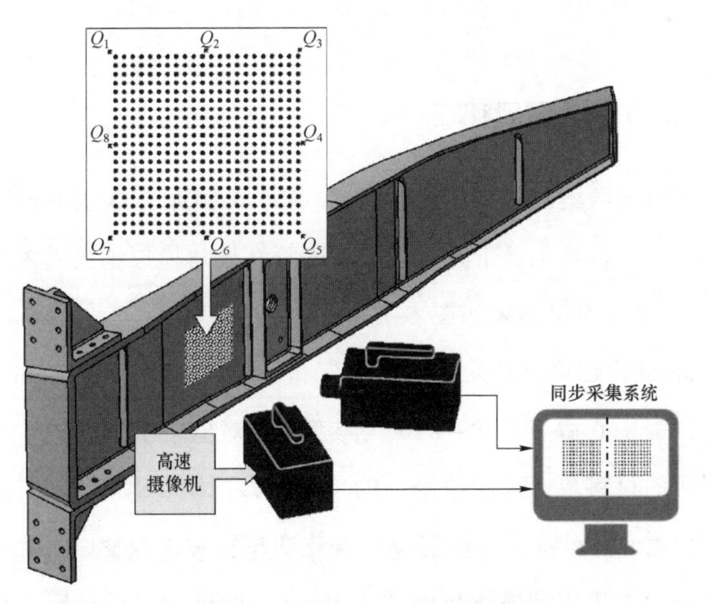

图 5-5　结构件 DIC 监测示意图

5.2.4 疲劳加载步骤

将结构件固定在试验平台上进行预加载。首先，将组件在 1 kN 的疲劳载荷下加载十次，预加载的目的是消除试件装配的间隙。然后对该组件进行 8 kN 的准静态测试，并将试验结果与模拟结果进行了对比。与试样级试件疲劳试验的不同之处在于，不能根据极限载荷的百分比来确定所施加的疲劳载荷。因此，循环载荷从开始时的 8 kN 开始逐渐增加。如果在 8 kN 的循环载荷下经过 1×10^6 次循环后，试样没有明显损坏，则将载荷增加 2 kN。直到发生明显损坏时，测试将停止。在预加载测试中，试件端部的位移大约为 15 mm。为了保证疲劳过程中波形的完整性和平滑性，将试验加载频率降低为 0.5 Hz。

5.3 疲劳试验结果分析

5.3.1 椽梁应变分布规律

上椽梁和下椽梁的载荷-应变曲线如图 5-6 所示。从图中可以看出在 8 kN 的载荷下，试件仍处于弹性阶段。试验结果与模拟结果基本吻合。椽梁的载荷-应变的模拟结果如图 5-7 所示。其中最大应变片为 S_8，最小应变片为 S_{30}，试验结果分别为 803 微应变和 – 844 微应变。而 S_8 和 S_{30} 的模拟结果分别为 760 微应变和 – 820 微应变，绝对值略小于试验结果。由于直接将不同的材料属性分配给不同的单元集合，因此 S_2 和 S_{18} 的测试结果比模拟结果大。材料特性在沿着厚度变化的位置突然改变，因此在模拟结果中会出现应力集中和应变集中的情况。S_{14} 的试验结果和模拟结果之间也有着明显差异。在加载过程中上椽梁并不是关于 *XY* 平面对称的，因为在相同 *X* 坐标下不同位置的应变值并不相同。S_4 到 S_{12} 的力-应变曲线如图 5-8 所示。根据结果分析，结构件在该载荷下呈现了弯曲和扭转的耦合状态。

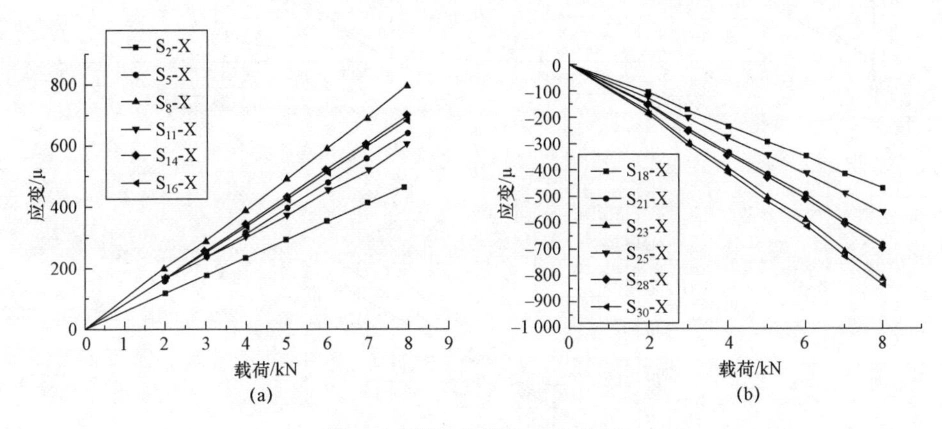

图 5-6　预加载椽梁应变结果

（a）上椽梁力-应变曲线；（b）下椽梁力-应变曲线

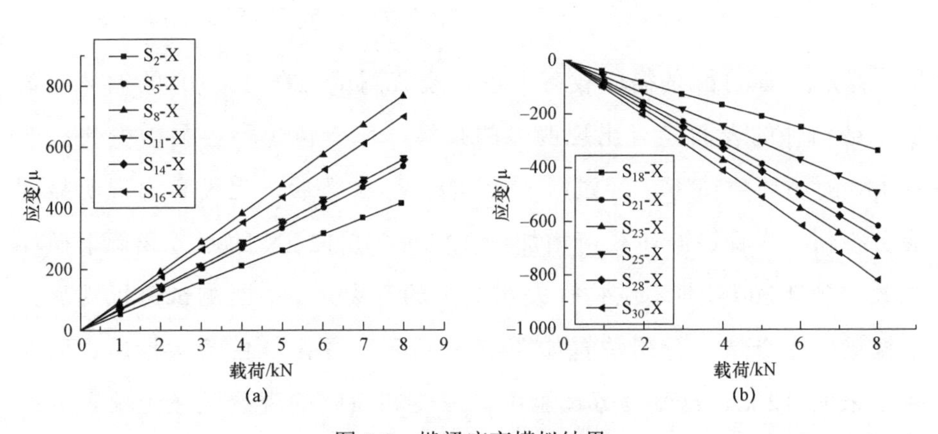

图 5-7　椽梁应变模拟结果

（a）上椽梁力-应变曲线；（b）下椽梁力-应变曲线

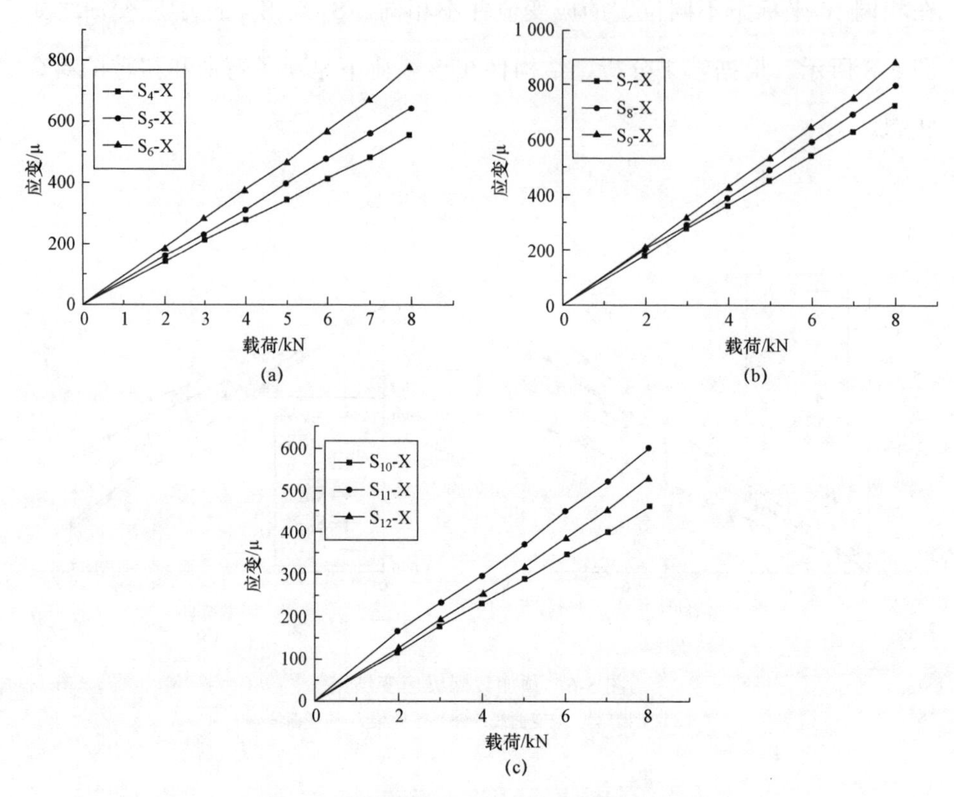

图 5-8　上椽梁在相同 X 坐标下的应变结果

（a）S_4、S_5 和 S_6 的应变；（b）S_7、S_8 和 S_9 的应变；（c）S_{10}、S_{11} 和 S_{12} 的应变

首先，在 8 kN 的循环载荷下进行疲劳测试。在 1×10^6 的循环次数后，结构件的表面没有出现明显的损坏，应变值也不会显著变化。在 10 kN 的循环载荷下，经过 1×10^6 的循环次数后，也没有出现明显的疲劳损伤。然后将循环载荷增加到 12 kN，在 12 kN 的疲劳载荷下循环次数达到 4 200 次时，结构件发出很大的开裂声。中断测试可以观察到上椽梁发生分层。分层位置如图 5-9 所示，并由红色箭头指出。而在接下来的 12 kN 载荷疲劳试验中，应变和裂纹的观察区域主要在分层位置附近。

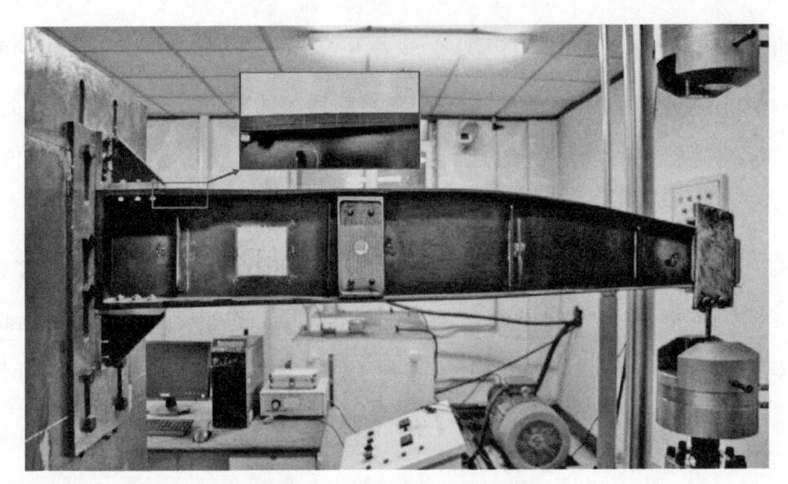

图 5-9　结构件的分层位置

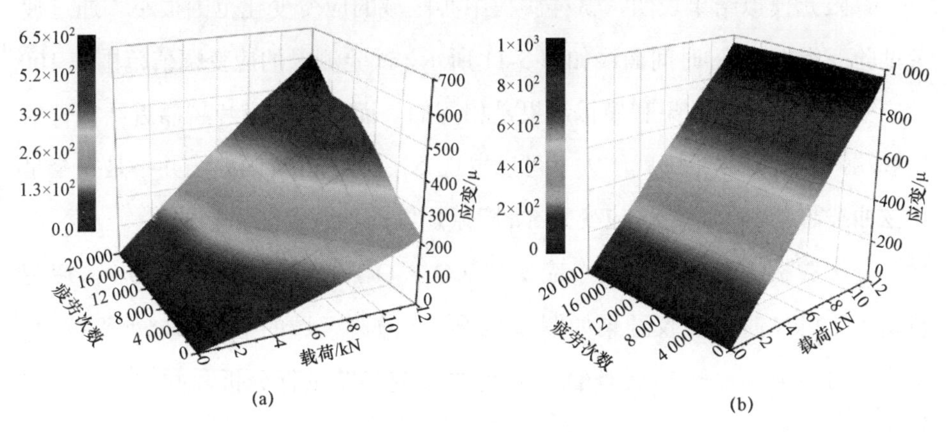

图 5-10　应变随循环次数的变化

（a）S_2-X 的应变值；（b）S_5-X 的应变值

随着循环次数的增加，力-应变曲线如图 5-10 所示。图 5-10（a）是 S_2 的应变变化趋势，图 5-10（b）是 S_5 的应变变化趋势。图中的循环次数是从裂纹的起始计算的。在结构件的疲劳试验中，当 12 kN 的疲劳载荷循环加载 4 200 次时，结构件发生疲劳断裂，在上椽梁发生了分层损伤。在产生分层瞬间，上椽梁分层位置所对应的表面应变发生明显下降，其中应变片 S_2-X 的最大应变值会突降到 220 微应变，而上椽梁其他位置（例如 S5，S8 和 S11）几乎不受影响。这是由于分层之后，该部分区域分为上下两个部分，位于裂纹上方的层合板所承受的载荷减小，而下部分承受更高的载荷。随着疲劳循环次数增加，裂纹沿着开裂位置不断向两边扩展，同时分层面积也不断增加。在这个过程中，裂纹上方部分的层合板承受载荷不断增加。当断裂发生后循环次数达到 20 000 次时，应变片 S_2-X 的应变值增加到了 605 微应变。通过分析疲劳循环次数与 S_2-X 应变之间的关系可知，S_2-X 的应变值会随着循环次数的增加不断变大，但并没有呈现明显的线性关系。当分层裂纹扩展到某一程度时，应变才会有明显的变化。尽管结构部件可以继续承受疲劳载荷，但结构件已达到工程上的故障标准，需要进行修复。

5.3.2 腹板应变分布规律

有限元模拟结果表明，试样腹板中心区域的应变变化范围很小。通过疲劳试验获得的应变-时间曲线如图 5-11 所示，试验测量的应变幅值范围在 100 微应变以内，试验结果和模拟结果是相同的。而且，应变片越靠近结构件的加载端，应变变化范围就越大。可以发现 S_{31} 的应变-时间曲线并不是完全呈正弦曲线趋势，这是由于应变片 S_{31} 附近加固的加强梁所引起的。

分析腹板中心线附近六个应变片（Q_1，Q_2，Q_3，Q_5，Q_6 和 Q_7），疲劳载荷为 12 kN 时应变仪结果如图 5-12 所示。散斑区域的上半部分承受拉力，下半部分受到压缩。然后对 DIC 获得的应变云图进行分析，并与应变仪的结果进行比较。

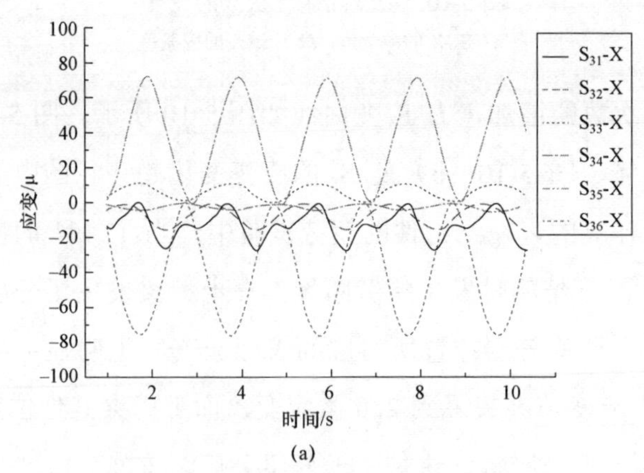

图 5-11　腹板中线处的应变-时间曲线

（a）*X* 方向的应变-时间曲线

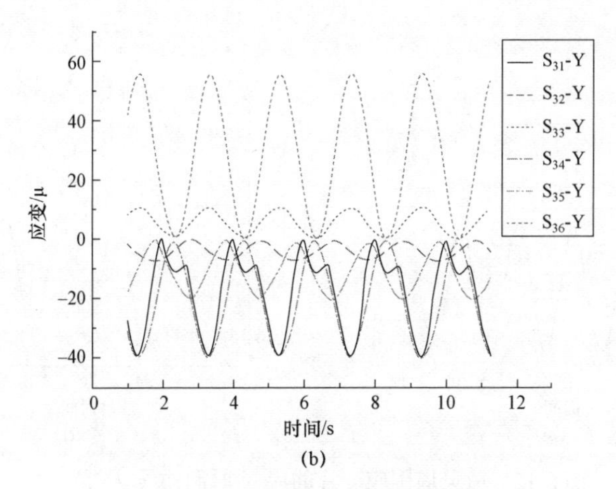

图 5-11　腹板中线处的应变-时间曲线（续）

（b）*Y* 方向的应变-时间曲线

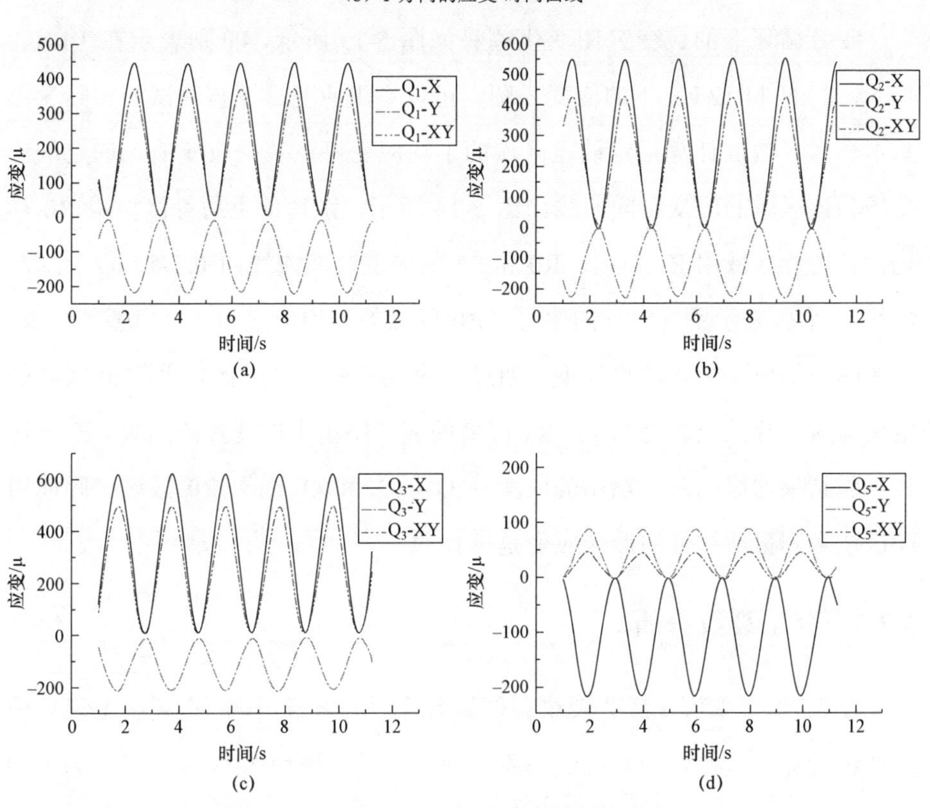

图 5-12　散斑周围应变片的应变-时间曲线

（a）Q_1 应变-时间曲线；（b）Q_2 应变-时间曲线；（c）Q_3 应变-时间曲线；（d）Q_5 应变-时间曲线

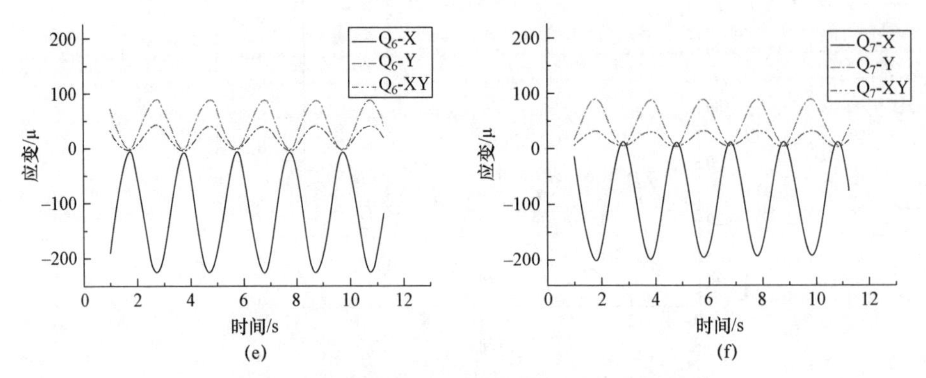

图 5-12 散斑周围应变片的应变-时间曲线（续）

（e）Q_6 应变-时间曲线；（f）Q_7 应变-时间曲线

疲劳循环下的应变云图变化趋势如图 5-13 所示，分别表示在 1 kN、4 kN、8 kN 和 12 kN 下的应变云图。可以看出应变云图与测试的实际变形基本一致。通过计算指定散斑区域的平均应变可以获得应变值。选定的应变场和该区域的应变时间曲线如图 5-14 所示。散斑的上边缘区域用 R0 标记，下边缘区域用 R1 标记。R0 和 R1 的应变时间曲线如图 5-14 b）所示，曲线的 X 轴表示所选照片的序号。R0 区域的平均应变为 572 微应变，R1 区域的平均应变为-145 微应变。通过与应变片的结果进行对比，R0 区域的结果与应变片结果较为吻合。R1 区域的应变略小于应变片的结果。产生这种不同结果的原因是，粘贴的应变片 Q_5，Q_6 和 Q_7 低于 R0 区域。因此用 DIC 技术测量结构件的疲劳应变是可行的。

5.3.3 分层裂纹分析

在 5.3.1 节中可知疲劳裂纹会伴随着开裂的声音出现。在裂纹出现后使用便携式光学显微镜观察裂纹形态。裂纹放大区域如图 5-15 所示。为了便于观察，裂缝区域被 7 条垂直标记线分割。图 5-15（a）和图 5-15（g）是裂纹尖端的位置。图 5-15（a）被放大 20 倍，图 5-15（g）被放大 100 倍。

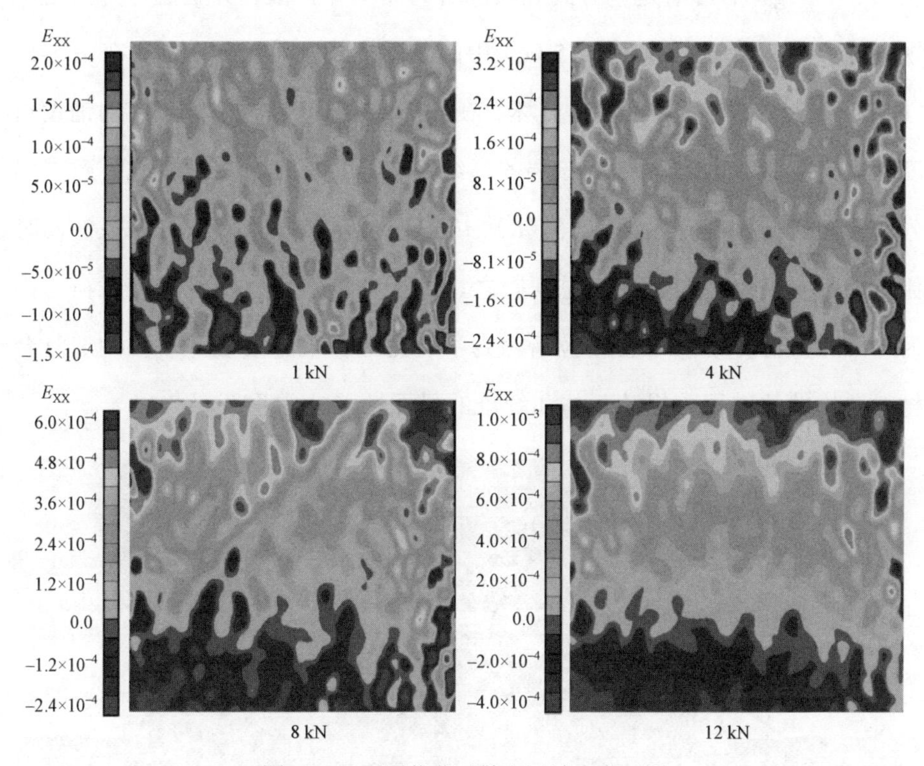

图 5-13　不同载荷下散斑区域应变云图

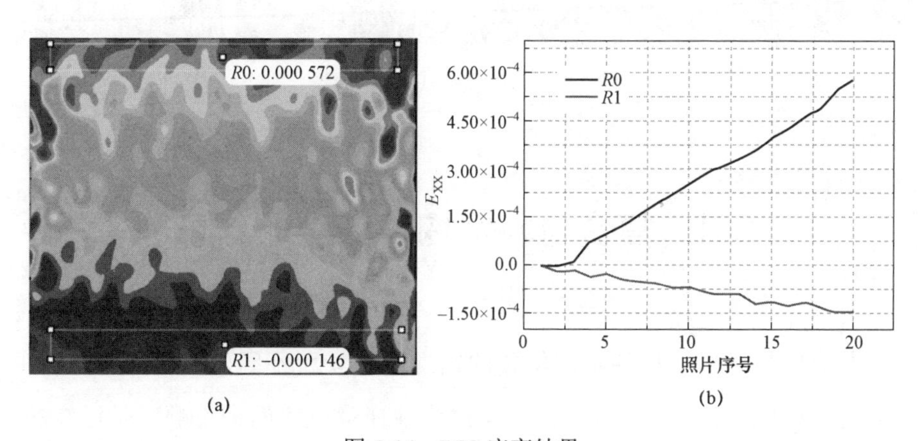

图 5-14　DIC 应变结果

（a）区域内的应变平均值；（b）$R0$ 和 $R1$ 的应变-时间曲线

从图 5-15（g）中可清楚地看到裂纹沿着树脂基体扩展，并且延伸方向是不规则的。图 5-15（c）和图 5-15（e）中的分层模式都是层间分层。在图 5-15（f）中，裂纹尖端将导致层内破坏。在图 5-15（b）中，由于该层的铺设角度为 45°，因此可以观察到该层的纤维没有断裂。这种失效模式导致层间分层会向邻层扩展。在图 5-15（d）中，层内分层在 0° 铺层处发生，同时伴随着纤维桥联现象出现。总而言之，结构件仍然可以承受疲劳载荷，因为纤维在疲劳分层后不会被拉断。为了避免轻易地分层破坏，在制造复合材料结构件的过程中提高基体和纤维的界面性能非常重要。

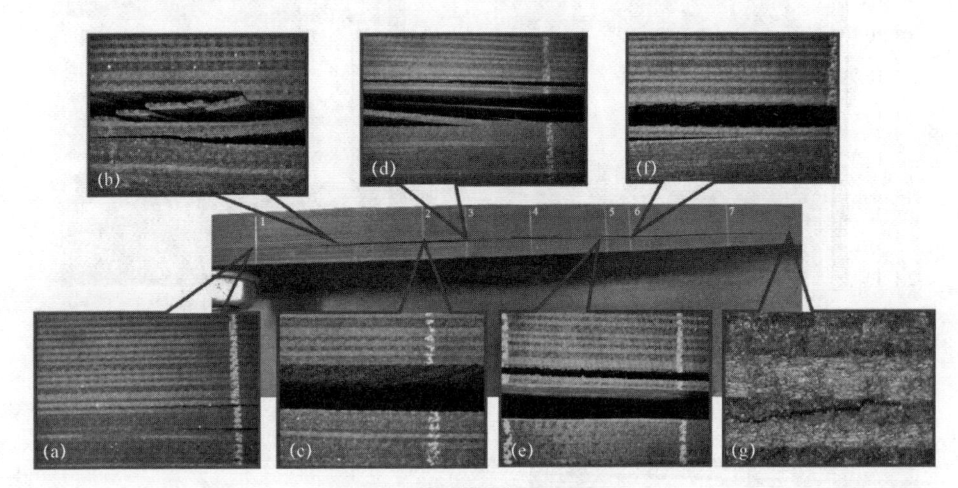

图 5-15　上椽梁分层损伤形貌

5.4　复合材料结构件的寿命计算

由于复合材料结构件不同位置的铺层顺序有所不同，因此疲劳性能退化需要分区域进行考虑。机翼工字梁结构件任意位置的铺设顺序是已知的，可以根据复合材料单向板的疲劳基础参数和第 3 章提出的 T800 碳纤维环氧树脂层合板的疲劳渐进损伤模型，计算出任意铺层层合板在不同疲劳载荷下的疲劳寿命。将模拟结果进行拟合得到疲劳的等寿命模型，并将等寿命模型结果赋在结构件中对应的各个铺层位置，然后对结构件进行有限元模拟则可以得到整体的寿命云图，从而达到计算出结构件寿命的目的。图 5-16 为结构件铺层分区示意图，沿着 X 轴结构件的厚度逐渐减小，层合板铺设的顺序在特定的位置发生变化。椽梁和腹板分别有三个不同的铺层顺序，分别表示为椽梁Ⅰ型铺层、椽梁Ⅱ型铺层、椽梁Ⅲ型铺层、腹板Ⅰ型铺层、腹板Ⅱ型铺层和腹板Ⅲ型铺层，具体位置如图中所示。结构件的有限元模型共有 41 925 个单元，单元类型为 8 节点六面体线性减缩积分单元（C3D8R）。

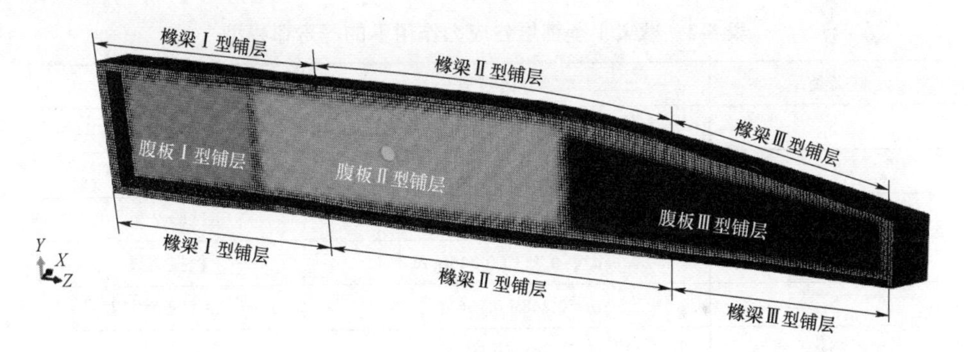

图 5-16　结构件铺层分区示意图

图 5-17 为层合板材料方向示意图。针对层合板每种不同的铺层，都需要对 1 方向拉伸-拉伸疲劳、1 方向压缩-压缩疲劳、2 方向拉伸-拉伸疲劳、2 方向压缩-压缩疲劳、面内剪切疲劳进行有限元模拟，模拟手段参照第 3 章层合板寿命预报方法。分别用 S_{11}，S_{22} 和 S_{12} 表示 1 方向、2 方向和面内剪切三种载荷类型，然后将模拟寿命结果进行拟合得到等寿命模型。用 S_{33}、S_{13} 和 S_{23} 表示 3 方向、13 方向剪切和 23 方向剪切三种载荷类型。其中 S_{33} 载荷类型下的破坏模式是层间疲劳破坏，可以用 2.6.4 节中$[90]_{16}$层合板的等寿命模型。S_{23} 和 S_{13} 剪切疲劳等寿命模型参考 Makeev[147]工作中对 IM7 碳纤维/8552 环氧树脂体系的层间剪切试验结果，将所得的 S-N 曲线 $y=1.284x^{-0.341\,4}$ 中的点代入公式（2-10）中，得到载荷类型 S_{13} 和 S_{23} 的剪切

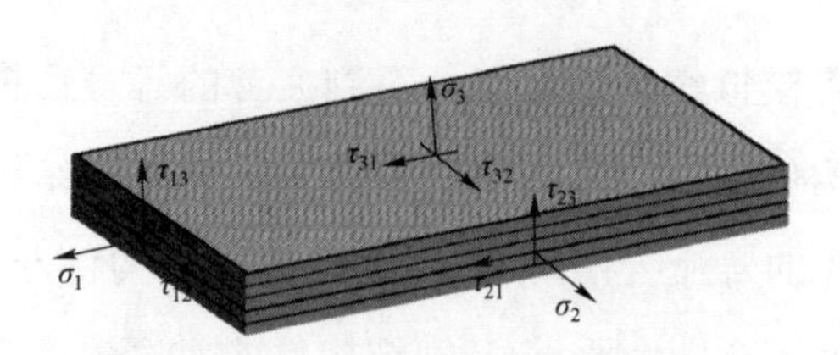

图 5-17　层合板材料方向示意图

疲劳等寿命模型。以椽梁Ⅰ型铺层为例，给出其铺层类型下的等寿命模型，见表 5-2。另外五种铺层形式层合板只需要确定 S_{11}、S_{22} 疲劳载荷类型下的等寿命模型，而载荷类型 S_{33}、S_{13} 和 S_{23} 下的等寿命模型均与表 5-2 中椽梁Ⅰ型铺层相同。不同铺层区域的等寿命模型见表 5-3。

表 5-2　椽梁Ⅰ型铺层各应力作用下的等寿命模型

载荷类型	等寿命模型	数据来源
S_{11}	$u=-9.404+3.454\lg N$	模拟结果
S_{22}	$u=-9.851+3.862\lg N$	模拟结果
S_{33}	$u=2.425-0.120\lg N$	试验结果
S_{12}	$u=-0.753+0.245\lg N$	模拟结果
S_{13}	$u=0.268+0.106\lg N$	参考文献[147]
S_{23}	$u=0.268+0.106\lg N$	参考文献[147]

表 5-3　不同铺层区域的等寿命模型

	S_{11} 载荷类型	S_{22} 载荷类型	S_{12} 载荷类型
椽梁Ⅱ型铺层	$u=-1.373+1.430\lg N$	$u=-4.818+3.412\lg N$	$u=-1.647+0.489\lg N$
椽梁Ⅲ型铺层	$u=-3.133+1.725\lg N$	$u=-2.978+3.126\lg N$	$u=-2.261+0.778\lg N$
腹板Ⅰ型铺层	$u=-4.602+2.378\lg N$	$u=-8.345+2.223\lg N$	$u=-0.947+0.450\lg N$
腹板Ⅱ型铺层	$u=-2.834+1.642\lg N$	$u=-6.969+3.106\lg N$	$u=-1.335+0.365\lg N$
腹板Ⅲ型铺层	$u=-2.440+1.320\lg N$	$u=-12.552+4.631\lg N$	$u=-3.101+1.852\lg N$

在子程序中设置 6 个状态变量，分别代表由载荷类型 S_{11}、S_{22}、S_{33}、S_{12}、S_{13}、和 S_{23} 引起疲劳破坏后的寿命。对比每种载荷下状态变量的结果然后从中找到寿命最小值，并且最小值出现的区域即为整个结构件最先破坏的位置。筛选出模拟结果中状态变量的最小值 m，取 10 的 m 次幂即为

结构件的疲劳寿命。模拟结果中状态变量最大值为 20（即疲劳寿命为 10 的 20 次幂），对应着结构件红色区域，该区域可以认为不会出现疲劳损坏。

对结构件的左侧进行位移约束，并在右端平面上施加垂直向下的 12 kN 疲劳载荷。图 5-18 为结构件在 12 kN 载荷下疲劳寿命的模拟结果。六个模拟结果中最小值分别为 6.617、7.624、9.227、5.454、4.028 和 7.796，对应的疲劳寿命结果分别为 4.14×10^{6}、4.21×10^{7}、1.69×10^{9}、2.84×10^{5}、1.07×10^{4}、6.25×10^{7}，因此结构件会最先在 1.07×10^{4} 次循环后发生破坏，破坏位置在图 5-18（e）中标出。试验是在 4 200 次循环下出现的疲劳裂纹，而模拟结果为 10 666 次，对模拟和试验结果进行误差分析可知数据点落在 3 倍误差分散带内，作为寿命结果是可以接受的。根据图 5-18（e），模拟结果中疲劳破坏位置和试验裂纹位置相同。从模拟结果来看，结构件不会出现纤维拉伸或者压缩损伤引起疲劳破坏，而剪切疲劳载荷才是结构件破坏的主要类型。

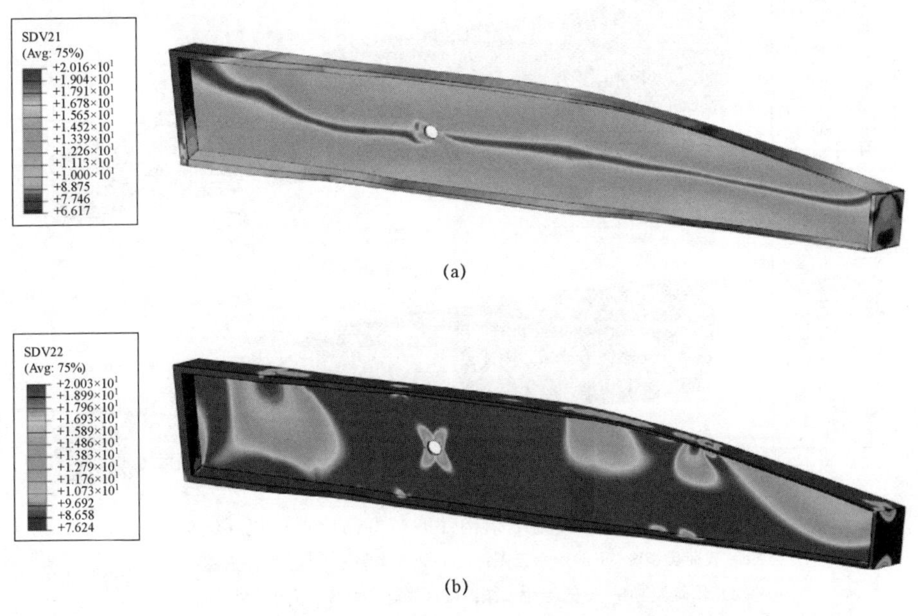

图 5-18　不同载荷类型下结构件疲劳寿命模拟结果

（a）载荷类型 S_{11} 下的寿命云图；（b）载荷类型 S_{22} 下的寿命云图

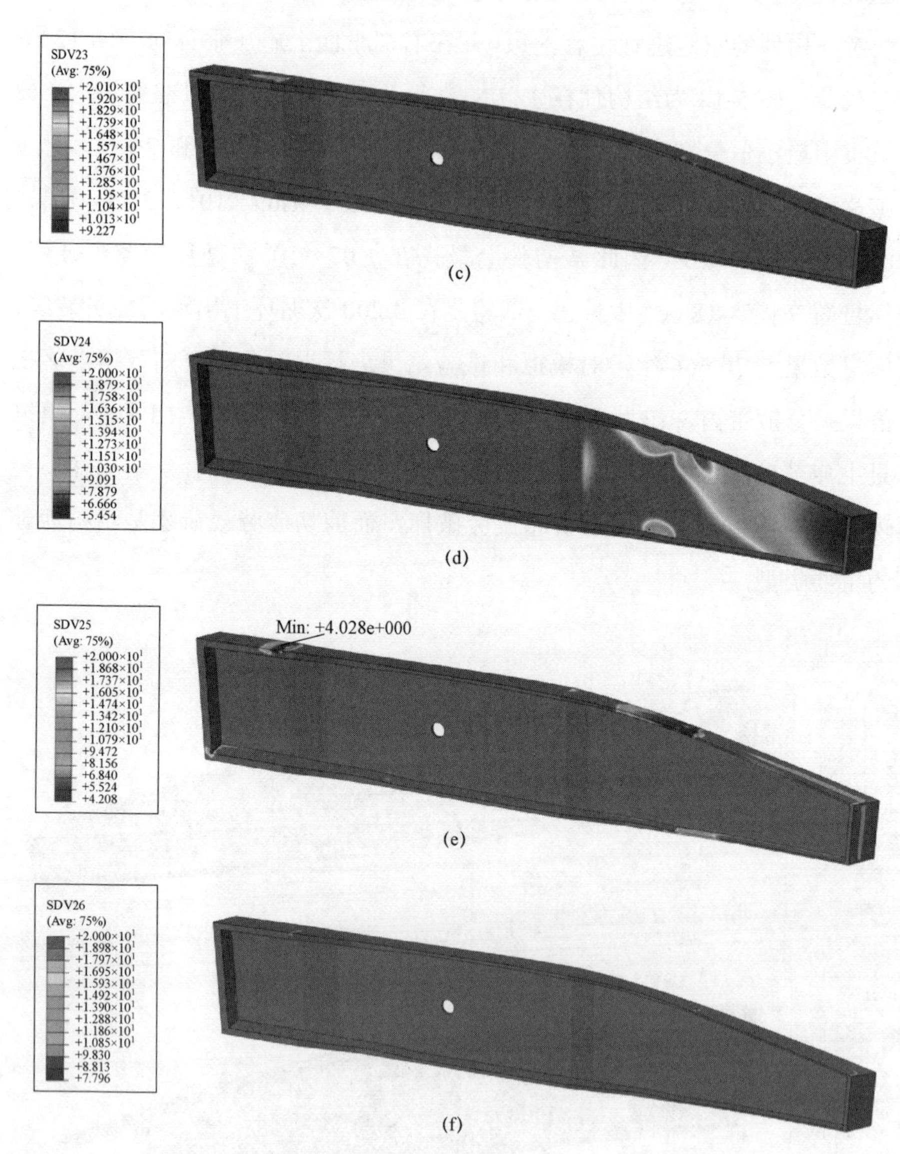

图 5-18　不同载荷类型下结构件疲劳寿命模拟结果（续）

（c）载荷类型 S_{33} 下的寿命云图；（d）载荷类型 S_{12} 下的寿命云图；
（e）载荷类型 S_{13} 下的寿命云图；（f）载荷类型 S_{23} 下的寿命云图

5.5　本章小结

本章通过试验研究了碳纤维增强复合材料结构件的疲劳性能。研究了试件的疲劳寿命、应变变化以及损伤的起始和扩展。通过分析可以得出以下结论：

① 通过改装液压伺服疲劳试验机，搭建了 T800 复合材料工字梁结构的疲劳性能测试系统，获得了该结构的典型损伤失效模式与疲劳寿命。

② 有限元模拟的应变结果与应变片测得的结果一致。数字图像相关法是测试结构件的疲劳应变有效的方法。裂纹的起始会使局部应变突然发生变化，并且随着疲劳循环次数的增加，应变值将恢复到稳定状态。

③ 裂纹发生后，结构件仍能承受载荷。分层破坏将随着疲劳循环次数的增加而继续扩大。疲劳载荷造成的损坏主要包括横向裂纹、层间分层、层内分层和纤维桥联。因此，碳纤维复合材料结构件在疲劳载荷下的分层破坏需要引起更多的重视。

④ 建立了 T800 碳纤维复合材料工字梁结构件疲劳寿命分析模型，该模型可以分析结构件疲劳破坏的主要类型，得到了疲劳寿命以及疲劳破坏区域出现的位置。疲劳试验结果和模拟结果的破坏位置一致，疲劳寿命的结果也具有较好的一致性。该方法可以计算任意铺层类型的结构件，并得到结构的寿命分布云图。

结 论

本书基于积木式试验验证方法，对 T800 碳纤维环氧树脂复合材料及结构的疲劳性能进行试验和数值研究，并分析了含预埋分层损伤试件和复合材料结构件的疲劳性能，得到了以下主要结论：

① 通过设计 T800 碳纤维环氧树脂典型单向板疲劳试验，完成了积木式设计中基本疲劳性能参数的测定。采用 3D-DIC 技术测量试件的疲劳应变，克服了应变片在疲劳过程中的失效问题。拉伸疲劳破坏后试件表面的最高温度为 97 ℃，远大于准静态拉伸破坏时的 41 ℃。分析了三种铺层类型准静态和疲劳破坏的断裂形貌，试件疲劳破坏后的损伤面积大于准静态破坏的损伤面积，且损伤裂纹都是沿着材料的铺设方向产生的。根据单向板试验结果对等寿命模型中的参数 f 进行调整，得到 $[0]_{16}$ 和 $[90]_{16}$ 单向板的等寿命模型中 f 分别取 0.595 和 0.023，从而确定了 T800 碳纤维环氧树脂典型单向板的等寿命模型。

② 对 T800 碳纤维开孔层合板拉伸-拉伸疲劳性能进行了试验和有限元模拟研究。通过对比试验结果可知，开孔层合板疲劳破坏所产生的层内和分层损伤程度均大于准静态拉伸破坏后的损伤。基于三维 Hashin 准则、最大应力准则以及 Ye 分层准则得到碳纤维复合材料层合板的疲劳失效准则，并提出疲劳失效模式下的材料性能突降规则。基于得到的试样级单向板基础疲劳数据，建立疲劳渐进损伤分析方法，预测了典型层合板的疲劳寿命

和疲劳损伤失效过程。比较试验和模拟结果，当疲劳载荷水平分别为80%、70%和60%时，模拟和试验结果的误差为15.31%、7.06%和2.50%。在80%疲劳载荷水平下，数据点在5倍误差带附近；在70%和60%的疲劳载荷水平下，结果偏差均在3倍误差带以内，证明了该方法的适用性。

③ 研究了预埋分层碳纤维复合材料层合板的压缩行为。采用的连续损伤模型计算的压缩模量结果为47.4 GPa，略高于试验值45.2 GPa；压缩强度的试验结果为611.5 MPa，模拟结果为559.5 MPa。该模型可以准确地模拟预埋分层复合材料的压缩强度和模量，还可以预测层内和层间损伤的起始与演化。通过改变预埋分层的数目和预埋损伤的位置，得到压缩强度随着预埋分层面积增加时的下降趋势，得到了预埋分层数目相同但位置不同的试件压缩强度的分布规律。对比了无预埋分层和含预埋分层试件的压缩疲劳寿命，得到了无预埋分层试件压缩疲劳载荷水平和疲劳寿命的关系。

④ 对T800碳纤维增强复合材料工字梁结构件的疲劳性能进行试验和模拟研究。通过改装液压伺服疲劳试验机，设计并制造了疲劳试验机与结构件的连接装置，完成了T800复合材料工字梁结构的疲劳性能测试系统的搭建。结构件的疲劳试验主要考察了疲劳寿命、应变变化以及损伤的起始和扩展过程。比较3D-DIC与应变片的测量结果可知，DIC技术是测试结构件表面疲劳应变的有效方法。采用第3章疲劳渐进损伤模型，获得结构件所包含的6种铺层层合板的等寿命模型。对T800碳纤维复合材料结构件进行疲劳寿命的有限元模拟，分析了结构件疲劳破坏的主要类型，实现了结构件疲劳寿命以及破坏区域的预测。

本书主要创新点：

① 确定了 T800 碳纤维环氧树脂典型单向板的等寿命模型关键参数，并据此建立了T800层合板的疲劳渐进损伤分析模型，预测了典型层合板的疲劳寿命和疲劳损伤失效过程，为复合材料工字梁结构疲劳性能预报提供了基础。

② 发展了含典型预埋分层的 T800 斜纹织物层合板的压缩渐进损伤模

型，揭示了层合板压缩强度随着预埋分层面积增加而非线性下降规律，以及预埋分层位置对层合板压缩强度的影响规律。

③ 搭建了 T800 复合材料工字梁结构的疲劳性能测试系统，获得了该结构的典型损伤失效模式与疲劳寿命，建立了该结构的疲劳寿命分析模型，仿真结果与试验吻合。

下一步工作展望：

本书的试验工作主要是对 T800 碳纤维复合材料疲劳性能进行研究。但疲劳试验需要大量的经费和时间，本书只进行了常规环境下某些特定疲劳载荷的疲劳试验。由于疲劳试验类型的不完整，导致基础参数提供不全面，从而影响了模拟结果的准确性。鉴于以上问题，在下一步工作中仍有以下几个方面需要研究：

① 在疲劳试验中发现不同铺层类型试件的温度变化有所不同，需要考虑加载频率和温度之间的关系。

② 需要对层间疲劳性能进行试验研究，得到疲劳载荷下层间性能退化模型，从而完善有限元模型。

③ 在预埋分层压缩试件的有限元疲劳模拟研究中加入层间疲劳性能退化，从而可以更准确地预报疲劳寿命及损伤。

④ 结构件的疲劳性能较为复杂，并且疲劳损伤引起试件表面破坏后，应变片和 DIC 技术均会受到影响，但此时试件依然可以承受疲劳载荷。需要探寻表征结构件损伤的参数或者整体疲劳损伤的评价准则。

参考文献

［1］沈观林，胡更开，刘彬. 复合材料力学［M］. 2 版. 北京：清华大学出版社，2013.

［2］TAVARES S M O, DE CASTRO P. An overview of fatigue in aircraft structures［J］. Fatigue & Fracture of Engineering Materials & Structures, 2017, 40(10): 1510-1529.

［3］IRVING P E, SOUTIS C. Polymer composites in the aerospace industry［M］. Duxford United Kingdom: Woodhead Publishing, 2019.

［4］BATHIAS C. An engineering point of view about fatigue of polymer matrix composite materials［J］. International Journal of Fatigue, 2006, 28(10): 1094-1099.

［5］VASSILOPOULOS A P. Fatigue life prediction of composites and composite structures［M］. San Diego: Elsevier Science&Technology, 2019.

［6］王彬文，陈先民，苏运来，等. 国内航空工业疲劳与结构完整性研究进展与展望［J］. 航空学报，2021：1-42.

［7］王曦，付晨. 复合材料转向架构架及其疲劳损伤分析方法研究综述［J］. 北京交通大学学报，2019，43（01）：42-53.

［8］ZHANG W, ZHOU Z, ZHENG P, et al. The fatigue damage mesomodel for fiber-reinforced polymer composite lamina [J]. Journal of Reinforced Plastics and Composites, 2014, 33(19): 1783-1793.

[9] NOURI H, LUBINEAU G, TRAUDES D. An experimental investigation of the effect of shear-induced diffuse damage on transverse cracking in carbon-fiber reinforced laminates [J]. Composite Structures, 2013, 106: 529-536.

[10] CHEN H S, HWANG S F. A fatigue damage model for composite materials [J]. Polymer Composites, 2009, 30(3): 301-308.

[11] DORMOHAMMDI S, GODINES C, ABDI F, et al. Damage-tolerant composite design principles for aircraft components under fatigue service loading using multi-scale progressive failure analysis [J]. J Compos Mater, 2017, 51(15): 2181-2202.

[12] HARRIS B. Fatigue in composites: Science and technology of the fatigue response of fibre-reinforced plastics [M]. Boca Raton: Woodhead Publishing, 2003.

[13] STINCHCOMB W W, BAKIS C E. Chapter 4-Fatigue behavior of composite laminates [J]. Composite Materials, 1991, 4: 105-180.

[14] DONG H, LI Z, WANG J, et al. A new fatigue failure theory for multidirectional fiber-reinforced composite laminates with arbitrary stacking sequence [J]. International Journal of Fatigue, 2016, 87: 294-300.

[15] GAMSTEDT E, TALREJA R. Fatigue damage mechanisms in unidirectional carbon-fibre-reinforced plastics [J]. Journal of Materials Science, 1999, 34(11): 2535-2546.

[16] ZHANG W, ZHOU Z, SCARPA F, et al. A fatigue damage meso-model for fiber-reinforced composites with stress ratio effect [J]. Materials & Design, 2016, 107: 212-220.

［17］ MEJLEJ V G, OSORIO D, VIETOR T. An improved fatigue failure model for multidirectional fiber-reinforced composite laminates under any stress ratios of cyclic loading［J］. Procedia CIRP, 2017, 66: 27-32.
［18］ KARBHARI V M, XIAN G. Hygrothermal effects on high VF pultruded unidirectional carbon/epoxy composites: Moisture uptake［J］. Composites Part B: Engineering, 2009, 40(1): 41-49.
［19］ ALESSI S, PITARRESI G, Spadaro G. Effect of hydrothermal ageing on the thermal and delamination fracture behaviour of CFRP composites［J］. Composites Part B: Engineering, 2014, 67: 145-153.
［20］ BARJASTEH E, NUTT S. Moisture absorption of unidirectional hybrid composites［J］. Composites Part A: Applied Science and Manufacturing, 2012, 43(1): 158-164.
［21］ QUARESIMIN M, SUSMEL L, TALREJA R. Fatigue behaviour and life assessment of composite laminates under multiaxial loadings［J］. International Journal of Fatigue, 2010, 32(1): 2-16.
［22］ HASHIN Z, ROTEM A. A fatigue failure criterion for fiber reinforced materials［J］. J Compos Mater, 1973, 7(4): 448-464.
［23］ FAWAZ Z, ELLYIN F. Fatigue failure model for fibre-reinforced materials under general loading conditions［J］. J Compos Mater, 1994, 28(15): 1432-1451.
［24］ KAWAI M, ITOH N. A failure-mode based anisomorphic constant life diagram for a unidirectional carbon/epoxy laminate under off-axis fatigue loading at room temperature［J］. J Compos Mater, 2014, 48(5): 571-592.
［25］ ZHOU Y X, BASEER M A, MAHFUZ H, et al. Statistical analysis on the fatigue strength distribution of T700 carbon fiber［J］. Compos Sci Technol, 2006, 66(13): 2100-2106.

［26］ZHOU Y X, MALLICK P K. Fatigue strength characterization of E-glass fibers using fiber bundle test［J］. J Compos Mater, 2004, 38(22): 2025-2035.

［27］朱元林. 碳/碳复合材料疲劳寿命预测模型与分析方法研究［D］. 南京：南京航空航天大学, 2012.

［28］DE BAERE I, VAN PAEPEGEM W, QUARESIMIN M, et al. On the tension-tension fatigue behaviour of a carbon reinforced thermoplastic part I: Limitations of the ASTM D3039/D3479 standard［J］. Polym Test, 2011, 30(6): 625-632.

［29］DE BAERE I, VAN PAEPEGEM W, HOCHARD C, et al. On the tension-tension fatigue behaviour of a carbon reinforced thermoplastic part II: Evaluation of a dumbbell-shaped specimen［J］. Polym Test, 2011, 30(6): 663-672.

［30］黄曦. 碳纤维增强复合材料层合板疲劳寿命与剩余强度试验研究［D］. 南京：南京航空航天大学, 2006.

［31］王军，程小全，张纪奎，等. T700 复合材料层合板拉-拉疲劳性能［J］. 航空材料学报，2012，32（03）：85-90.

［32］刘英芝. 复合材料层合板疲劳行为研究［D］. 哈尔滨：哈尔滨工业大学, 2015.

［33］DE BAERE I, VAN PAEPEGEM W, DEGRIECK J. Comparison of different setups for fatigue testing of thin composite laminates in bending［J］. International Journal of Fatigue, 2009, 31(6): 1095-1101.

［34］CAPRINO G, D'AMORE A. Flexural fatigue behaviour of random continuous- fibre-reinforced thermoplastic composites［J］. Compos Sci Technol, 1998, 58(6): 957-965.

［35］VAN PAEPEGEM W, DE GEYTER K, VANHOOYMISSEN P, et al. Effect of friction on the hysteresis loops from three-point bending fatigue tests of fibre- reinforced composites [J]. Composite Structures, 2006, 72(2): 212-217.

[36] 梅端. 玻璃纤维增强树脂基复合材料力学疲劳性能研究 [D]. 武汉：武汉理工大学，2010.

[37] 刘娟. 含孔隙 CFRP 层合板的湿热老化与力学性能退化 [D]. 哈尔滨：哈尔滨工业大学，2014.

[38] NASR MNA, ABOUELWAFA MN, GOMAA A, et al. The effect of mean stress on the fatigue behavior of woven-roving glass fiber-reinforced polyester subjected to torsional moments [J]. Journal of Engineering Materials and Technology-Transactions of the Asme, 2005, 127(3): 301-309.

[39] MORTAZAVIAN S, FATEMI A. Effects of mean stress and stress concentration on fatigue behavior of short fiber reinforced polymer composites [J]. Fatigue & Fracture of Engineering Materials & Structures, 2016, 39(2): 149-166.

[40] ELKADI H, ELLYIN F. Effect of stress ratio on the fatigue of unidirectional glass-fiber epoxy composite laminae [J]. Composites, 1994, 25(10): 917-924.

[41] FERREIRA JAM, COSTA JDM, RICHARDSON MOW. Effect of notch and test conditions on the fatigue of a glass-fibre-reinforced polypropylene composite [J]. Compos Sci Technol, 1997, 57(9-10): 1243-1248.

[42] BARRON V, BUGGY M, MCKENNA N H. Frequency effects on the fatigue behaviour on carbon fibre reinforced polymer laminates [J]. Journal of Materials Science, 2001, 36(7): 1755-1761.

[43] FATEMI A, MORTAZAVIAN S, KHOSROVANEH A. Fatigue behavior and predictive modeling of short fiber thermoplastic composites [J]. Procedia Engineering, 2015, 133: 5-20.

[44] KAWAI M, YAJIMA S, HACHINOHE A, et al. Off-axis fatigue behavior of unidirectional carbon fiber-reinforced composites at room and high temperatures [J]. J Compos Mater, 2001, 35(7): 545-576.

[45] KUMAGAI S, SHINDO Y, INAMOTO A. Tension-tension fatigue behavior of GFRP woven laminates at low temperatures[J]. Cryogenics, 2005, 45(2): 123-128.

[46] SHAN Y, LIAO K. Environmental fatigue behavior and life prediction of unidirectional glass-carbon/epoxy hybrid composites [J]. International Journal of Fatigue, 2002, 24(8): 847-859.

[47] JEN Y-M, HUANG C-Y. Combined temperature and moisture effect on the strength of carbon nanotube reinforced epoxy materials [J]. Transactions of the Canadian Society for Mechanical Engineering, 2013, 37(3): 755-763.

[48] DE VASCONCELLOS D S, TOUCHARD F, CHOCINSKI-ARNAULT L. Tension-tension fatigue behaviour of woven hemp fibre reinforced epoxy composite: A multi-instrumented damage analysis[J]. International Journal of Fatigue, 2014, 59: 159-169.

[49] LA ROSA G, RISITANO A. Thermographic methodology for rapid determination of the fatigue limit of materials and mechanical components [J]. International Journal of Fatigue, 2000, 22(1): 65-73.

[50] MONTESANO J, FAWAZ Z, BOUGHERARA H. Use of infrared thermography to investigate the fatigue behavior of a carbon fiber reinforced polymer composite [J]. Composite Structures, 2013, 97: 76-83.

[51] APARNA M L, CHAITANYA G, SRINIYAS K, et al. Fatigue testing of continuous GFRP composites using digital image correlation (DIC) technique a review [J]. Mater Today-Proc, 2015, 2(4-5): 3125-3131.

[52] DJABALI A, TOUBAL L, ZITOUNE R, et al. Fatigue damage evolution in thick composite laminates: Combination of X-ray tomography, acoustic emission and digital image correlation[J]. Compos Sci Technol, 2019, 183: 107815.

[53] FEISSEL P, SCHNEIDER J, ABOURA Z, et al. Use of diffuse approximation on DIC for early damage detection in 3D carbon/epoxy composites [J]. Compos Sci Technol, 2013, 88: 16-25.

[54] WICAKSONO S, CHAI G B. A review of advances in fatigue and life prediction of fiber-reinforced composites [J]. Proc Inst Mech Eng Pt L-J Mater-Design Appl, 2013, 227(3): 179-195.

[55] HAHN H, KIM R Y. Fatigue behavior of composite laminate [J]. J Compos Mater, 1976, 10(2): 156-180.

[56] ELLYIN F, ELKADI H. A fatigue failure criterion for fiber reinforced composite laminae [J]. Composite Structures, 1990, 15(1): 61-74.

[57] HWANG W, HAN K S. Fatigue of composites-fatigue modulus concept and life prediction [J]. J Compos Mater, 1986, 20(2): 154-165.

[58] WU F Q, YAO W X. A fatigue damage model of composite materials [J]. International Journal of Fatigue, 2010, 32(1): 134-138.

[59] HARRIS B, GATHERCOLE N, LEE J, et al. Life-prediction for constant–stress fatigue in carbon-fibre composites [J]. Philosophical Transactions of the Royal Society of London Series A: Mathematical, Physical and Engineering Sciences, 1997, 355(1727): 1259-1294.

[60] RAMANI S, WILLIAMS D. Notched and unnotched fatigue behavior of angle-ply graphite/epoxy composites[R]. Fatigue of filamentary composite materials, ASTM International, 1977.

[61] KAWAI M, MATSUDA Y, YOSHIMURA R. A general method for predicting temperature-dependent anisomorphic constant fatigue life

diagram for a woven fabric carbon/epoxy laminate [J]. Composites Part a-Applied Science and Manufacturing, 2012, 43(6): 915-925.

[62] KAWAI M, YAGIHASHI Y, HOSHI H, et al. Anisomorphic constant fatigue life diagrams for quasi-isotropic woven fabric carbon/epoxy laminates under different hygro-thermal environments [J]. Adv Compos Mater, 2013, 22(2): 79-98.

[63] HALPIN J C, JERINA K L, JOHNSON T A. Characterization of composites for the purpose of reliability evaluation [M]. Philadelphia Pa: Analysis of the test methods for high modulus fibers and composites, ASTM International, 1973.

[64] DANIEL I, CHAREWICZ A. Fatigue damage mechanisms and residual properties of graphite/epoxy laminates[J]. Engineering Fracture Mechanics, 1986, 25(5-6): 793-808.

[65] ROTEM A. Fatigue and residual strength of composite laminates [J]. Engineering Fracture Mechanics, 1986, 25(5-6): 819-827.

[66] ROTEM A. The fatigue behavior of composite laminates under various mean stresses [J]. Composite Structures, 1991, 17(2): 113-126.

[67] SCHAFF J R, DAVIDSON B D. Life prediction methodology for composite structures.1.Constant amplitude and two-stress level fatigue [J]. J Compos Mater, 1997, 31(2): 128-157.

[68] SCHAFF J R, DAVIDSON B D. Life prediction methodology for composite structures.Part II—Spectrum fatigue [J]. J Compos Mater, 1997, 31(2): 158-181.

[69] YAO W X, HIMMEL N. A new cumulative fatigue damage model for fibre-reinforced plastics [J]. Compos Sci Technol, 2000, 60(1): 59-64.

[70] YANG J N, JONES D L, YANG S H, et al. A stiffness degradation model for graphite epoxy laminates[J]. J Compos Mater, 1990, 24(7): 753-769.

[71] LEE L J, FU K E, YANG J N. Prediction of fatigue damage and life for composite laminates under service loading spectra [J]. Compos Sci Technol, 1996, 56(6): 635-648.

[72] WHITWORTH H A. A stiffness degradation model for composite laminates under fatigue loading [J]. Composite Structures, 1997, 40(2): 95-101.

[73] KHAN Z, AL-SULAIMAN F A, FAROOQI J K, et al. Fatigue life predictions in woven carbon fabric/polyester composites based on modulus degradation [J]. Journal of Reinforced Plastics and Composites, 2001, 20(5): 377-398.

[74] VAN PAEPEGEM W, DEGRIECK J.A new coupled approach of residual stiffness and strength for fatigue of fibre-reinforced composites [J]. International Journal of Fatigue, 2002, 24(7): 747-762.

[75] ALAM P, MAMALIS D, ROBERT C, et al. The fatigue of carbon fibre reinforced plastics-A review[J]. Compos Pt B-Eng, 2019, 166: 555-579.

[76] OWEN M, BISHOP P. Prediction of static and fatigue damage and crack propagation in composite materials[C]. AGARD Specialists Meeting on Failure Modes of Composite Mater With Organic Matrices and Their Consequences on Design 12 p (SEE N 75-23698 15-24). 1975.

[77] BINER S B, YUHAS V C. Growth of short fatigue cracks at notches in woven fiber glass reinforced polymeric composites [J]. 1989.

[78] BERGMANN H W, PRINZ R. Fatigue life estimation of graphite epoxy laminates under consideration of delamination growth [J]. Int J Numer Methods Eng, 1989, 27(2): 323-341.

[79] FENG X, GILCHRIST M, KINLOCH A, et al. Development of a method for predicting the fatigue life of CFRP components [C]. Proceedings of the International Conference on Fatigue of Composites.1997.

[80] SHOKRIEH M M, LESSARD L B. Progressive fatigue damage modeling

of composite materials, part I: Modeling [J]. J Compos Mater, 2000, 34(13): 1056-1080.

[81] SHOKRIEH M M, LESSARD L B. Progressive fatigue damage modeling of composite materials, part II: Material characterization and model verification [J]. J Compos Mater, 2000, 34(13): 1081-1116.

[82] HASHIN Z. Failure criteria for unidirectional fiber composites [J]. Journal of Applied Mechanics, 1981, 48(4): 846-852.

[83] PAPANIKOS P, TSERPES K I, PANTELAKIS S. Modelling of fatigue damage progression and life of CFRP laminates [J]. Fatigue & Fracture of Engineering Materials & Structures, 2003, 26(1): 37-47.

[84] YE L. Role of matrix resin in delamination onset and growth in composite laminates [J]. Compos Sci Technol, 1988, 33(4): 257-277.

[85] HARPER P W, HALLETT S R. A fatigue degradation law for cohesive interface elements-development and application to composite materials [J]. International Journal of Fatigue, 2010, 32(11): 1774-1787.

[86] KENNEDY C R, BRADAIGH C M O, LEEN S B. A multiaxial fatigue damage model for fibre reinforced polymer composites [J]. Composite Structures, 2013, 106: 201-210.

[87] PUCK A, SCHURMANN H. Failure analysis of FRP laminates by means of physically based phenomenological models [J]. Compos Sci Technol, 2002, 62(12-13): 1633-1662.

[88] ZHAO L B, SHAN M J, HONG H M, et al. A residual strain model for progressive fatigue damage analysis of composite structures [J]. Composite Structures, 2017, 169: 69-78.

[89] SHEN G, GLINKA G, PLUMTREE A. Fatigue life prediction of notched composite components [J]. Fatigue & Fracture of Engineering Materials & Structures, 1994, 17(1): 77-91.

[90] COLOMBO C, VERGANI L. Experimental and numerical analysis of a bus component in composite material [J]. Composite Structures, 2010, 92(7): 1706-1715.

[91] COLOMBO C, VERGANI L. Multi-axial fatigue life estimation of unidirectional GFRP composite[J]. International Journal of Fatigue, 2011, 33(8): 1032-1039.

[92] BUTRYM B A, KIM M H, INMAN D. Fatigue life estimation of structural components using macrofibre composite sensors [J]. Strain, 2012, 48(3): 190-197.

[93] CERNY I, MAYER R M. Fatigue of selected GRP composite components and joints with damage evaluation [J]. Composite Structures, 2012, 94(2): 664-670.

[94] THAWRE M M, PANDEY K N, DUBEY A, et al. Fatigue life of a carbon fiber composite T-joint under a standard fighter aircraft spectrum load sequence [J]. Composite Structures, 2015, 127: 260-6.

[95] KOCH I, ZSCHEYGE M, TITTMANN K, et al. Numerical fatigue analysis of CFRP components [J]. Composite Structures, 2017, 168: 392-401.

[96] DI MAIO D, MAGI F, SEVER I A. Damage monitoring of composite components under vibration fatigue using scanning laser doppler vibrometer [J]. Exp Mech, 2018, 58(3): 499-514.

[97] GRAMMATIKOS S A, KORDATOS E Z, MATIKAS T E, et al. On the fatigue response of a bonded repaired aerospace composite using thermography [J]. Composite Structures, 2018, 188: 461-469.

[98] HUANG X S, ZHAO S. Damage tolerance characterization of carbon fiber composites at a component level: A thermoset carbon fiber composite [J]. J Compos Mater, 2018, 52(1): 37-46.

［99］SIEBERER S, NONN S, SCHAGERL M. Fatigue behaviour of discontinuous carbon-fibre reinforced specimens and structural parts［J］. International Journal of Fatigue, 2020, 131: 12.

［100］WAN A S, XU Y G, XUE L H, et al. Finite element modeling and fatigue life prediction of helicopter composite tail structure under multipoint coordinated loading spectrum［J］. Composite Structures, 2021, 255: 12.

［101］ROUSE M, JEGLEY D, MCGOWAN D, et al. Utilization of the building- block approach in structural mechanics research［C］. 46th AIAA/ ASME/ASCE/AHS/ASC Structures, Structural Dynamics and Materials Conference.2005: 1874.

［102］WANHILL R. Fatigue requirements for aircraft structures［J］. Aerospace materials and material technologies, 2017: 331-352.

［103］BRUYNEEL M, NAITO T, URUSHIYAMA Y, et al. Predictive simulations of damage propagation in laminated composite materials and structures with SAMCEF［C］. SAE World Congress 2015.2015.

［104］CARELLO M, AMIRTH N, AIRALE A, et al. Building block approach' for structural analysis of thermoplastic composite components for automotive applications［J］. Applied Composite Materials, 2017, 24(6): 1309-1320.

［105］钟涛，谭一鸣，李敏. 复合材料结构的积木式方法的运用［J］. 智富时代，2015，（08）：213.

［106］崔深山. 面向积木式试验的复合材料典型结构件分析与验证［D］. 哈尔滨：哈尔滨工业大学，2017.

［107］李元章，鲁国富，任三元，等. 基于积木式的飞艇桁架式复合材料龙骨结构验证方法［J］. 复合材料科学与工程，2020，（01）：67-71.

［108］李兴无. 航空发动机关键材料服役性能“积木式”评价技术浅析［J］. 航空动力，2020，（04）：31-34.

［109］季文，刘久战，范坤. 民用飞机复合材料结构“积木式”验证试验

规划探讨［J］. 科技与创新，2021，（01）：81-83.

［110］Standard Test Method for Tension-Tension Fatigue of Polymer Matrix Composite Materials: ASTM D3479/D3479M-12［S］. West Conshohocken, PA: ASTM International, 2012.

［111］ASTM D3039/D3039M-17. Test Method for Tensile Properties of Polymer Matrix Composite Materials［M］. West Conshohocken, PA: ASTM International, 2017.

［112］ASTM D3410/D3410M-16. Standard Test Method for Compressive Properties of Polymer Matrix Composite Materials with Unsupported Gage Section by Shear Loading［M］. West Conshohocken, PA: ASTM International, 2016.

［113］碳纤维树脂基复合材料层合板疲劳试验方法：GJB 2637—1996［S］.

［114］定向纤维增强塑料拉伸性能试验方法：GB/T 3354—1999［S］.

［115］纤维增强塑料薄层板压缩性能试验方法：GB/T 5258—2008［S］.

［116］纤维增强塑料层合板拉-拉疲劳性能试验方法：GB/T 16779—2008［S］.

［117］Standard Test Method for In-Plane Shear Response of Polymer Matrix Composite Materials by Tensile Test of a±45 Laminate: ASTM D3518/D3518M-13［M］. West Conshohocken, PA: ASTM International, 2013.

［118］HU Z, XIE H, LU J, et al. Residual stresses measurement by using ring-core method and 3D digital image correlation technique［J］. Measurement Science and Technology, 2013, 24(8): 085604.

［119］TUNG S H, KUO J C, SHIH M H, et al. Using the simplified 3D DIC method to measure the deformation of 3D surface［J］. Applied Mechanics and Materials, 2011, 121-126: 3945-3949.

［120］唐正宗，梁晋，肖振中，等. 用于三维变形测量的数字图像相关系统［J］. 光学精密工程，2010，18（10）：2244-2253.

[121] 郝丽娟. 基于双目视觉的三维形貌与形变测量［D］. 南京：南京航空航天大学，2013.

[122] GARNIER C, LORRAIN B, PASTOR M-L. Impact damage evolution under fatigue loading by infrared thermography on composite structures［J］. EPJ Web of Conferences, 2010, 6: 42020.

[123] LUONG M P. Introducing infrared thermography in soil dynamics［J］. Infrared Physics and Technology, 2006, 49(3): 306-311.

[124] PEYRAC C, JOLLIVET T, LERAY N, et al. Self-heating method for fatigue limit determination on thermoplastic composites［J］. Procedia Engineering, 2015, 133: 129-135.

[125] TOUBAL L, KARAMA M, LORRAIN B. Damage evolution and infrared thermography in woven composite laminates under fatigue loading［J］. International Journal of Fatigue, 2006, 28(12): 1867-1872.

[126] 李斌，童小燕，姚磊江，等. 基于红外和声发射的复合材料疲劳损伤实时监测［J］. 机械科学与技术，2011，30（02）：191-194.

[127] GATHERCOLE N, REITER H, ADAM T, et al. Life prediction for fatigue of T800/5245 carbon-fibre composites: I.Constant-amplitude loading［J］. International Journal of Fatigue, 1994, 16(8): 523-532.

[128] MOROZOV E V, VASILIEV V V. Determination of the shear modulus of orthotropic materials from off-axis tension tests［J］. Composite Structures, 2003, 62(3-4): 379-382.

[129] TSERPES K I, PAPANIKOS P, LABEAS G, et al. Fatigue damage accumulation and residual strength assessment of CFRP laminates［J］. Composite Structures, 2004, 63(2): 219-230.

[130] LESSARD L B, SHOKRIEH M M. 2-dimensional modeling of composite pinned-joint failure［J］. J Compos Mater, 1995, 29(5): 671-697.

[131] NADERI M, MALIGNO A R. Fatigue life prediction of carbon/epoxy laminates by stochastic numerical simulation [J]. Composite Structures, 2012, 94(3): 1052-1059.

[132] NADERI M, MALIGNO A R. Finite element simulation of fatigue life prediction in carbon/epoxy laminates [J]. J Compos Mater, 2013, 47(4): 475-484.

[133] LUO H, HANAGUD S. Delamination modes in composite plates [J]. Journal of Aerospace Engineering, 1996, 9(4): 106-113.

[134] HUIMIN F, YONGBO Z. On the distribution of delamination in composite structures and compressive strength prediction for laminates with embedded delaminations [J]. Applied Composite Materials, 2011, 18(3): 253-269.

[135] ZHAO L, LIU Y, HONG H, et al. Compressive failure analysis for low length-width ratio composite laminates with embedded delamination [J]. Composites Communications, 2018, 9: 17-21.

[136] WAN A, XIONG J, XU Y. Fatigue life prediction of woven composite laminates with initial delamination [J]. Fatigue & Fracture of Engineering Materials & Structures, 2020, 43(9): 2130-2146.

[137] RICCIO A, PIETROPAOLI E. Modeling damage propagation in composite plates with embedded delamination under compressive load [J]. J Compos Mater, 2008, 42(13): 1309-1335.

[138] ASLAN Z, ŞAHIN M. Buckling behavior and compressive failure of composite laminates containing multiple large delaminations [J]. Composite Structures, 2009, 89(3): 382-390.

[139] HOSSEINI-TOUDESHKY H, HOSSEINI S, MOHAMMADI B. Buckling and delamination growth analysis of composite laminates containing embedded delaminations [J]. Applied Composite Materials, 2010,

17(2): 95-109.

[140] OVESY H, TAGHIZADEH M, KHARAZI M. Post-buckling analysis of composite plates containing embedded delaminations with arbitrary shape by using higher order shear deformation theory [J]. Composite Structures, 2012, 94(3): 1243-1249.

[141] KHARGHANI N, SOARES C G. Analysis of composite laminates containing through-the-width and embedded delamination under bending using layerwise HSDT [J]. European Journal of Mechanics-A/Solids, 2020, 82: 104003.

[142] DEUSCHLE H M, KROPLIN B H. Finite element implementation of Puck's failure theory for fibre-reinforced composites under three-dimensional stress [J]. J Compos Mater, 2012, 46(19-20): 2485-2513.

[143] PUCK A, KOPP J, KNOPS M. Guidelines for the determination of the parameters in Puck's action plane strength criterion [J]. Compos Sci Technol, 2002, 62(3): 371-378.

[144] ZHONG S Y, GUO L C, LIU G, et al. A continuum damage model for three-dimensional woven composites and finite element implementation [J]. Composite Structures, 2015, 128: 1-9.

[145] SUEMASU H, SASAKI W, ISHIKAWA T, et al. A numerical study on compressive behavior of composite plates with multiple circular delaminations considering delamination propagation [J]. Compos Sci Technol, 2008, 68(12): 2562-2567.

[146] KHARGHANI N, SOARES C G. Behavior of composite laminates with embedded delaminations [J]. Composite Structures, 2016, 150: 226-239.

[147] MAKEEV AN. Interlaminar shear fatigue behavior of glass/epoxy and carbon/epoxy composites [J]. Compos Sci Technol, 2013, 80: 93-100.